智元微库
OPEN MIND

成长也是一种美好

10种洞察

探索

理所当然之外的

世界

王 可越
著

人民邮电出版社

北京

图书在版编目（ＣＩＰ）数据

10种洞察：探索理所当然之外的世界 / 王可越著
. -- 北京 ：人民邮电出版社，2023.5
ISBN 978-7-115-61306-6

Ⅰ．①1… Ⅱ．①王… Ⅲ．①观察法—通俗读物
Ⅳ.①B841.5-49

中国版本图书馆CIP数据核字(2023)第040658号

◆　　　著　　王可越
责任编辑　张渝涓
责任印制　　周昇亮

◆ 人民邮电出版社出版发行　　　　　北京市丰台区成寿寺路 11 号
邮编　100164　　电子邮件　315@ptpress.com.cn
网址　https://www.ptpress.com.cn
天津市银博印刷集团有限公司印刷

◆ 开本：880×1230　1/32
印张：11　　　　　　　　　　　2023 年 5 月第 1 版
字数：200 千字　　　　　　　　2024 年 7 月天津第 9 次印刷

定价：69.80 元
读者服务热线：（010）67630125　印装质量热线：（010）81055316
反盗版热线：（010）81055315
广告经营许可证：京东市监广登字20170147号

世事洞明皆学问，人情练达即文章。 **序**

洞察，探索世界的另一种打开方式

>>>

你看见了曲折的影子，意味着有一条蛇吗？
也许只是一条麻绳。

你闻到了茉莉花的味道，意味着有茉莉花开放吗？
也许只是茉莉味的香薰。

老板不给我加工资，意味着我不够好吗？
暗恋对象不理我，意味着他不喜欢我吗？

你是否把假戏当成了真情？
把短视频里的致富故事当真了？

有翅膀的不见得是天使；
骑白马的不见得是王子。

我们看到了一种现象，
意味着有若干种可能性，而不仅是一种。

>>>

什么是洞察?

洞察是在观察之后做出的敏锐判断，知其然，知其所以然。通过洞察，我们探索究竟，分析本质，追问真正的原因及其意义。

无论面对一句话或一条线索，还是一个人或一件事情，当我们太过流畅地说"我知道"的时候，认知的实际情况就值得怀疑。我知道什么？也许我根本不知道。

"这世上的问题，是智者迟疑而愚者自信。"过于顺畅的"了解"，往往就是在"想当然"。搞不清真实状况却盲目自信，会让我们陷入愚蠢，把事情搞砸。把笑脸当爱情，把挫折当末日；什么都当真，或什么都不当真；感情用事，冲动行事；这些都是缺乏洞察力的表现。

要想让自己的观点更有穿透力，通过认知把握潜在的机会，就需要拥有不同的思想框架、广阔的视角、更有深度的领悟。这些就是洞察的逻辑。

>>>

为什么要去洞察?

我要活得明明白白，而不是糊里糊涂。

有人反驳我："想太多干什么? 难得糊涂!"

可是所谓的"难得糊涂"并不是"真糊涂"。明白的人可以"装糊涂"，但真糊涂的人没办法把事情搞明白。

明白，意味着知道问题的关键所在；明白，是解决问题的前提。洞察就是为了搞清楚"问题究竟是什么"而存在的。

>>>

为什么学习洞察？

因为世上很多生物天生都有局限性。比如，即使撤掉鱼缸里的挡板，一天到晚游泳的鱼也仍然会在老地方折返；鸟儿可以飞去任何地方，却往往落回到同一棵树上；人可以自由地拥抱远方，而实际上，大部分人只在熟悉的范围里兜兜转转。如果我们缺乏洞察，认知就浮皮潦草、避重就轻；仅与"英雄所见略同"的人惺惺相惜，排斥不同的想法，我们的视野就会越来越狭窄，观点会越来越浅薄。即便看到了新的启发，我们也无法识别其中的价值和机会。

认知的深度与广度，决定了我们世界的范围。洞察的能力，限制或拓展了我们的可能性，也塑造着我们的未来。同样遭遇一件事，有人感到"意味深长"，有人觉得"不过如此"。在危机中，有人感到痛苦难过，有人却识别到机会。不同人的认知能力差异巨大。在日常生活中，无论读书、工作、谈恋爱还是投资，如果缺乏洞察，不想明白各种现象背后的规律，我们往往会吃亏或错失良机。

我们如果种地，就需要有这样的洞察："如果大家都种葱，那我们就种蒜；如果大家都种蒜，那我们就种葱。"道理很简单：大家都种的品种，其市场供应量会增加，价格反而会降低；反之，价格就会上涨。如果我们谈恋爱，分析"我爱你意味着什么"也需要洞察。"我爱你"也许是"爱过你"的总结性发言；也许是"将要爱"的承诺；或者是一个爱的邀约，意思是"我等着你来爱我"；也有可能，说这话的人只是逢场作戏，客气一下而已。缺少洞察，不明白语言背后的真实意图，就无法行动。

>>>

世界广阔，洞察无限。本书涉及洞察三维度的广泛话题。

洞察自己（自我的洞察、感受的洞察）：正在减肥的我运动了 5 分钟，却多吃了一碗饭，我在自我欺骗吗？我认为舒服的事，对其他人适用吗？究竟是我拥有了奢侈品，还是奢侈品控制了我？

洞察他人（人心的洞察、表演的洞察）：人们在脑海中认为"不"，但最终为什么会说"是"？为什么年轻人标榜自由，却更怕失去安全感？网名"风轻云淡"的人，真的什么都不在乎吗？

洞察世界（故事的洞察、全局的洞察、规则的洞察）：为什么在餐厅花钱越多，吃到的食物越少？为什么我们靠运气赚回来的钱，又靠实力亏回去了？

本书还涉及洞察的基本方法（视野的洞察、繁简的洞察、趋势的洞察），帮助我们看得更远、更深，找到新的思考角度，突破理所当然的想法。例如：孩子一定是纯真的吗？老人的经验都有道理吗？果汁意味着健康吗？隔夜的水不能喝吗？世界上有纯粹的好人或坏人吗？看起来很好的事，为什么后来忽然变坏了？为什么极简主义会流行，又会过时？

这些有关洞察的话题并不孤立，它们彼此关联，相互交织。比如，我们通过洞察他人，也洞察了自己；我们洞察世界，同时清楚了自己或他人所处的位置。

>>>

"世事洞明皆学问，人情练达即文章。"洞察，帮我们找到一件事的深层次原因，解生活的题、工作的题、人际关系的题。

如果你正困惑于如何选择工作、规划未来，或搞不懂如何与伴侣、父母沟通，你可以在本书中找到一些启发。如果你觉得自己运气不佳，受困于两难境地，难以做出抉择，你也需要学习洞察，分析一下究竟是哪里出了问题。

洞察的能力，也是一种实用的创新性工作技能。我在数百次经理人的工作坊中讲授过它。

无论你从事的工作是产品或品牌的设计，还是运营或销售，你都需要这种见微知著的基本能力。通过洞察，我们将打破理所当然的预设，看到未被满足的用户需求，用新的产品和服务打造开拓性的解决方案。如果你是团队的管理者，当社会发生任何变化时，你也能通过洞察看到轮转的趋势，捕捉新变化带来的新机遇。

>>>

对我个人来说，洞察是一种自我修炼。我来到世界走一遭，如果难以变得更智慧，至少要让自己避免愚蠢，减少偏见。

因此，我时刻磨炼思考力，努力让我的思想之刃更锐利一些。亲爱的读者，我邀请你一起，用洞察之刃，划开日常生活的表象。当我们见识到世界的本来面目时，我们仍有可能爱它。

洞察之后，我们会了解世界的本来面目，拥抱自由生活的同时，也清楚自由的代价。那才是一种明白的爱。我不希望不明所以，活得糊涂。

目 录

07 规则的洞察   <<<

08 繁简的洞察   <<<

01 世上有两样东西不可直视，一是太阳，二是人心。

人心的洞察

>>>

"世上有两样东西不可直视，一是太阳，二是人心。"
人心如此曲折，我们心里想着"不"，
也许嘴上却说"是"，反之也有可能。
人心矛盾，拧巴，但这也是人生的通常状态。

自称"废物"的人，有几个是真的废物？
宣布"躺平"的人呢？真"躺平"的人，并不高声宣布。
真隐士，我们也看不见。
人们的言辞中也许藏着更丰富的内涵，往往言不尽意，又往往有言外之意。

洞察人心，就是跳过想当然的理解，接近对方的真实意图。
洞察人心，虽然难度很高，但称得上是活在这世上的必修课。

你听得懂别人说话吗

01 / 1

>>>

上司说："我简单说几句……"

女性朋友说："我最近胖了……"

这些话意味着什么？我们该怎么把话题聊下去？

我们都知道，"简单说几句"的发言不会很短，也不会过于简单。

说"我最近胖了……"的朋友希望得到我们否定的回应，即便这听起来有点虚情假意。

她希望你说："哪儿有啊！你还胖，我才胖了呢。"

>>>

在餐厅外等座，你问服务员要等多久，对方微笑着回答："很快，也就十来分钟。"

这话意味着什么？ 如果你把十来分钟的"虚数"当成"实际时间"，就会越等越火大，因为过了半小时都没有座位给你坐。

当我们走山路，问老乡"离目的地还有多远"时，老乡说："还有两三里路吧，很快就到了。"我们走了很久，再问另一个老乡，他还是说："很快就到了。"

老乡和服务员一样，自有一套话语系统。他们说的"很快"，并不是我们理解的"很快"。究竟有多快？我们要自行判断。

不同的人说话，各自的语言所表达的意思是分离的。

话还是一样的话，就看我们如何理解，能否适应沟通的弹性。

我们试图探索话语中隐藏的意图，分析"这话意味着什么……"，这个过程就是洞察。

>>>

我们说话时，潜台词并不在表面上，懂的人都懂。举例如下。

"原则上不行"，意思是"再聊聊，有可能"。

"理论上可以"，其实就是"不行"。

"咱们改天吃饭""要不吃了饭再走"说的内容实际上跟吃饭无关，

意思都是"再见"。

还有复杂一些的。举例如下。

有人说"我不喜欢麻烦别人",潜台词是"你也别来麻烦我"。

有人宣布"对事不对人",说明他接下来说的话很有可能针对在场的某人,这些话会让那个人感到不舒服。

>>>

指出两个人说话的词句来分析意思没有意义,因为没有绝对的意思,而相对的意思存在于上下文之中。我们需要试着从对方没有明确说出来的那些话中获得意义。

你惹火了对方,如果对方说"没关系",也许对方真的觉得"没关系";也许觉得"有很大的关系",意思可能是"我忍辱负重,我不想跟你多说"。

能否听懂一句话,考验的是一个人的敏锐程度和解读能力。我们说出去的话能否被准确理解,还要看对方能否接住。

当你说"今晚的月色真美"时,你的本意是含蓄地表达爱情。这份感情能否被领会?如果对方是个"榆木脑袋",他就只会谈谈月亮本身。

女生表示身体不舒服,有的男生对女生说:"那你多喝点热水。"

女生可能认为这男生很"傻"，不值得交往。可是一句"多喝热水"也许仅意味着对方有照顾的心思，却不懂如何表示关怀。

>>>

再比如，男生问："吃什么？"女朋友回答："都行，随便。"

女朋友的意思真的是随便吗？女朋友说的随便，也许并不随便，她可能在期待对方猜到她的偏好。

反过来，当女生听到男朋友说"我都行，随便吧"时，女生会生气吗？

她可能觉得男朋友对自己不上心，不关心自己。

可是，还有一种可能，男朋友真没什么特别的想法，只是女生在为没有得到自己预设的答案生气而已。

有时，我们的话语中有深层次的意思；有时，我们只是不知道该如何表达，只好言尽于此。

>>>

我们为什么不理解对方的话？为何无法洞察对方的真实意思？

也许是因为我们的生活、教育背景不同，性格、价值观等方面存在差异。我们把自己的想法套在别人的表达上，有时候又把无意义的感慨或吐槽太当回事儿。

很多年轻人喜欢把自己的情况说得惨淡不堪。举例如下。

"我觉得自己累得跟狗一样，我知道，我错了，狗怎么可能像我那么累。"

"现在银行卡密码都不想设了，用六位数保护个位数的存款，想想都心累。"

"又一天过去了。今天过得怎么样，梦想是不是更远了？"

"努力不一定能成功，可不努力会很轻松哦！"

吐槽的年轻人真惨到了这种程度吗？喊"累死人"的人并不会死。真"累死"的人连喊出来的力气都没有。

"在哪里跌倒，就在哪里躺一会儿"，这意味着什么？没有几个人真的会宣布"歇一会儿"。大部分自称"废物"的人不会停止奋斗。吐槽一阵后，他们还是该干什么去干什么。

宣布自己"社恐"的人，会因为几句吐槽而聚集在一起，开展一场社交。对这种"社恐"人，我们就当他们在"撒娇"，说得学术一点，也可以叫"自我开脱"。

>>>

有钱人自嘲穷，好看的人说自己丑，博学的人说自己不太懂。

有一部分自嘲是谦辞，更多的只是曲折的自我吹嘘。

说自己穷的人，反而不怎么穷。说自己太胖的人，通常不胖，甚至还有点瘦。这就是聊天中"凡尔赛"①的基本规则。自我挖苦，只是为了体现自己的优势。

>>>

你问一个人为什么不快乐，对方说因为没钱。但他不快乐，肯定不仅是因为没钱。

穷人会出来哭穷吗？当然有可能。可是，我们也要有这样的洞察：真正凄惨的人往往怕被人看出惨，还要藏着惨。不自信的人常常想办法"藏拙"。一个人越不自信，就越要把自己不太好的一面遮起来，唯恐暴露缺点。

即便我们懂得了对方的真实想法，也没必要统统揭发出来。吐槽或炫耀虽然没有实际意义，但它们是我们日常生活中的休闲活动。我们交流的重点是建立情感连接。说闲话或废话，一向能起到增进感情的作用。话说回来，谁会一直说有用的话呢？在一起说废话的人才比较亲密吧。

>>>

字面意义很坑人。想听懂别人的话，就要先理解这个人。我们在谈话时要了解对方的语境和前后文，让对方多讲几句、具体说说，从而了解前因后果；不能让对方泛泛而论，或揪住某个字眼不放。当

----

① 凡尔赛，互联网流行用语，指用低调或说反话的方式进行炫耀的话语模式。

了解更多背景信息时，我们才会知道对方的真实意思。

如果你们不是闲聊，彼此又猜不透，说话时用词就不能太模糊。重要的事情最好问清楚。如果对方说"不好"，我们就追问："具体是哪里不好？"

有人经常说："好的，但是……"这样绕弯子，重点就不是"好的"，而是"但是"后面的意思；或者有人嘴上说"同意"，表情里却藏着"一百个不乐意"。沟通中出现误会，也许是因为言辞含混，还有可能是因为过度解读。你的礼貌，对方理解成了好感；你的笑脸，对方当成了爱情。如果对方是个听不懂笑话的人，你就不要开过火的玩笑。笑话不需要解释，可是把笑话当真的也大有人在。因此，了解到对方无法领会，就不要过高要求对方的理解力。

二人之间存在默契当然是一件好事，但我们不要对此过度期待，否则只会自讨苦吃。

>>>

其实，人们只要在说话，就是对相互理解仍然抱有希望。听见了抱怨，我们需要了解对方善意的愿望。例如，商家知道顾客为什么投诉吗？坏消息是：顾客不喜欢商家。好消息是：投诉的顾客至少对产品、服务有所期待。顾客之所以会抱怨，是因为他期待商家能有所改变。

餐厅经理问我："今天的菜怎么样？"如果我不想再来这家店，就不会多说什么。我就是不来了而已，没必要跟他多说。

真正失望的顾客不会投诉。他们很失望，只是沉默地走了，并且不会再有后续消费或反馈。

如果找员工就离职原因进行谈话，经理能听到真话吗？也许可以，但大部分人只是离开了，不会真心实意地留下他们的想法。

如果伴侣还在数落你的种种不是，说明他没有多恨你，至少还没有想离开。他在表达困惑或沟通中的力不从心，但底层的意思是"我仍然在乎你，但不太理解你；我想试着改变我们的关系"。

>>>

总之，当我们听对方说话时，除了理解字面意思，还要兼顾对方藏起来的"言外之意"。只要我们谈话，各种误会就会产生，这是由我们的个性、经验、成长背景及沟通方式决定的。我们没必要，也不可能强求所有人的沟通方式都一致。

想听懂别人说话，要能听出弦外之音。洞察人心，才能明白人们的真情假意。洞察人心，也意味着对沟通中的误解抱有更大的宽容心。

当倾听更多，了解更多时，我们就可能了解赞同与拒绝之间的灰色地带。这也是人心的微妙之处。

为什么我们既想睡，又想醒着

01 / 2

>>>

我问学生："你为什么熬夜？"

对方一本正经地回答："我要学习，用功啊。"

如果我们熟悉了，我就会知道：熬夜的同学们，大多数时候是在磨蹭、犹豫，东摸摸、西玩玩。他们没正事可干，也不肯关灯睡觉。

在年轻人群体中，存在"报复性晚睡"的现象。晚睡是对谁的报复？也许是对父母管束的报复，也许是对之前严格自我管理的报复。

以前有家人管，我们被逼着作息规律；后来自己离家上学、上班，不得不按照时间表行事。一旦有了机会，我们就想尽情享受自由。如果白天很忙，就用熬夜补偿；尽管晚睡更累，玩耍耗费更多心神。

熬夜打游戏、追剧、去酒吧喝酒，简直像另一种形式的加班，甚至比加班还累。越休息越玩，越玩越累，这也真是很普遍的荒诞现象。

晚睡者也会憎恨自己，或责怪手机。他们要求"我跟手机分房睡"，但其实他们很明白：我知道早睡有好处，但我仍然选择不早睡。

"用着最贵的护肤品，吃着最好的保健品，熬着最深的夜"——这是如今年轻人"硬核养生"的真实写照。部分年轻人努力上班就是为了努力玩，如果玩得不够狠，上班付出的辛苦都有些可疑。

也有人告诉我："我晚睡，其实是不舍得睡。睡过去，就浪费了。""这一天很空虚，不想第二天那么快到来。"

"醒着更划算"这种说法好比一则社会新闻。有人去豪华酒店住，为了"值回房价"就选择通宵不睡觉。似乎醒着过一晚，付出高昂的房费才更划算。

这也是很多人放长假时的感想。明明放假休息了一周，却为了"过更有价值的假期"熬了更多的夜。上班之后，感觉身体状况甚至不如之前。

>>>

这些年轻人睡觉的"真实"状态，就是既"想睡"又"不想睡"的矛盾状态。

我们在表述一件事情时，总是透露出内心还关切着另一件事情。嘴上不承认，行为却很诚实。人心是矛盾的：我既想要这个，又不想放弃那个——我全都要。

那么，我们究竟是怎样想的呢？这种矛盾状态很难被定性。

蒙田说："对习惯于观察他人行为的人而言，最难的莫过于去探索人的行为的连贯性和一致性。因为人的行为经常自相矛盾，难以预料，简直不像同一个人的所作所为。"

为了看起来是个"自洽的人"，我们会故意压制一个选项，而积极维护另一个；但内心从未真正排除其中任何一个。

>>>

从"本性"来说，我想大吃一顿，我要躺着不动。不过，如果我一直躺着，就会觉得自己太颓废了。我内在的声音又开始自我劝诫：我要变瘦，我不能太颓废。眼前的享受不想放弃，以后的后果呢？仔细想想，也不敢掉以轻心。

我嘴上说的，不见得是心里想的；心里盘算的，不见得是潜意识中运行的；而潜意识，也在不断地流动、变化。我们想要大吃大喝、享受美食，又怕自己变胖；我们想要尽情玩乐，但不愿意承担后果。

人们想与众不同，胆子大一点，出格一点，又怕太与众不同。人们总处在纠结中。

有人把"社恐"挂在嘴边，又期待交到朋友，只是担心不懂沟通，怕被人伤害。

有人一边热衷于积攒优惠券省钱，一边开盲盒（盲盒最不理性，因为不知道结果）。

有人喜欢安全而温暖的环境，却也期待冒险与挑战，期待在朋友的带动下，参与一次冒险。

朋友取得了成功，我替他高兴，却还有点嫉妒，这两种情感都同样真实。

人就是这样复杂多面。

有些时候，人不仅盲目，还虚伪空洞、口是心非；随时可能改主意，为新的选择找一套说辞。但是人心的丰富，也正体现在此处。

>>>

《年轻用户洞察报告》上写着：年轻一代都很冲动，他们"放纵不羁爱自由"。

可是，只要在生活中与一些年轻人相处过，我们就不难发现，这种简单概括无法涵盖他们的矛盾状态。年轻人常说："我们年轻，我们自由。"这句话表达的意思并非年轻人真的获得了自由，而是他们年轻，就"应该"向往自由。年轻人的宣告很可能只是一种"愿望"——我想要成为这种样子，而现实生活中，年轻人的"自由冲动"从不单纯。

比如，大学生热衷于探讨养生保健知识，关心皮肤保养、脱发问题，危机感明显，尤其担心变老。他们既有财富焦虑，又有年龄焦虑。

他们并不像我们想象中的那样特立独行，但又有很感性、理想主义的一面。由于缺乏安全感，他们"放纵不羁"的感性时刻更显得十分奢侈。

"人生而自由，却无往不在枷锁之中。"不仅是年轻人，恐怕我们每个人都渴望自由，却又害怕在自由中失控，或在自由中无所适从。

理论上，我们要做什么都能去做，但限制也随之而来。对自由的限制不仅来自外界，更来自我们的内心。我们想要由着性子冲破限制自由的"枷锁"，却始终无法摆脱它。

自由与限制的力量相互拉扯，人们左顾右盼，两边都不想放弃。

>>>

从趋势上看，养猫的年轻人越来越多。宠物承载了生活在城市中的年轻人的太多情感，他们把宠物当孩子养。

养猫，是属于自己的"小确幸"（小而确定的事物）。工作了一天，我很累，可一想到能回家就不那么累了，毕竟还有一只猫在等我。猫意味着什么？猫独立而敏锐，它们不会一直响应主人的呼唤。猫主人戏称自己是"铲屎官"，因为猫对主人的服务并不买账，态度甚至有些"不屑一顾"。

猫并不服从，代表了自由精神。养猫的年轻人都在猫身上投射了自己的期待。可是别忘了，一只猫无论多么"自由不羁"，它都是属于自己的。这又意味着"自由是可控的"。因此，对于宠物猫的解读中，同样隐含着"自由"与"限制"两种愿望。

>>>

对遥远的事情，我们通常会表现出更多的同情。如果事情到了眼前，往往不见得如此。

比如，北极熊、南极企鹅、吃不上饭的非洲难民，这些都很遥远，值得我们关注并付出爱心。可是，一旦有一个真实的人要进入你的生活，比如有个难民要住进你的家，那就另当别论了。同情一个虚幻的人，同时拒绝一个具体的人，这种矛盾是人之常情。

我们谈论的年轻人"对自由的向往"，也有相似之处。我们歌颂自由，可是当我们要为自由付出代价时，我们就要掂量一番了。我们都呼唤自由自在，希望放轻松、没人管。可是真等到放飞自我、无所依靠时，我们又感觉"没着没落"，无法承受这份轻松。

"我要自由，我要不受约束"并非假话。但在现实的处境中，人们的实际选择都会有很大程度的折中。因此，直接给出的口号不是真实的答案。

电影《大话西游》里有一段著名对白。唐僧对孙悟空说："你要是想要的话你就说话嘛，你不说我怎么知道你想要呢，虽然你很有诚意地看着我，可是你还是要跟我说你想要的。你真的想要吗？"

这段话快把孙悟空逼疯了。不过要是问自己："我到底想要还是不想要呢？"我们难道就真的知道吗？

我选择这个，又惦记另一个。我想要，却不能完全相信我的选择——这也是大部分人所处的状态。

>>>

不过，既然人心始终如此矛盾，我们也只好学着与矛盾共存了。

当我们说年轻人"很勇敢"时，这种说法不见得错。年轻人血气方刚，有时候会冲动行事，看起来很勇敢。但我们也要知道，年轻人有时候也很脆弱，甚至懦弱。勇敢还是不勇敢？一言以蔽之的定性总结，没有太大的意义。

任何人都是矛盾统一体。不要妄图删除一种愿望，或只选择其中一种，并将理想主义的说法强行合理化。人的行为缺乏确定性，按照一贯性原则揣测人的行为不仅偏颇，有时还显得愚蠢。

洞察人心，我们发现真实不是单纯的答案。真实本来就是矛盾的，而且因时而异。

前一分钟，我还在感慨："我感到太痛苦了，我的生活一片灰暗、混乱。"

后一分钟，一个可爱的人走过来，跟我说了一句亲切的话，我又觉得："人生是值得的，我的心里充满了爱。我爱这个世界。"

你明白老年人的叛逆吗

>>>

"你爸妈买保健床垫了吗？"

"你爸妈参加促销活动上当了吗？"

有一段时间，我们几个同事每次见面都会聊这些。

子女们在一起吐槽，议论自己的父母年龄大了，越来越"笨"，总上当。不是买了昂贵的"高级床垫"，就是买了"包治百病"的理疗仪。

事实真的如此吗？

为什么平时节俭度日的老年人会一掷千金？为什么明知道可能上当，还要参与营销活动？

对于这种事情的原因，老年人一般不会说出来，我们也无法一概而论。

>>>

老年人交往范围有限，信息来源单一，不熟悉外界的变化。十分老套的骗术，也会令其上当受骗。以上这些也许是事实，但一些受过良好教育的老年人，不见得缺少基本的判断力。这些老年人并不傻，而且那些销售人员也比老年人的子女更懂他们——准确地说，他们"更愿意懂"老人的心思。

老太太说："来家里的小伙子特别关心我，叫我叫得可甜呢！"

销售员经常这样夸人："阿姨，您保养得真好，看起来最多 50 岁。""叔叔，您看您这精神头，一看就是以前当领导的。"这么甜的话，子女说得出来吗？

老太太又反问自己的孩子："你关心我在想什么吗？你认真听过我说话吗？"

"明知故犯"的老人们花钱很任性，因为他们更在乎有人关心，明知道销售员想赚自己的钱，也心甘情愿。

孩子呢？孩子也许会多给一些钱，却很难长时间跟父母对话。

我们过年回家住几天，头两天还是"蜜月期"，时间一长，双方都不耐烦，话不投机半句多。对比起来，讨他们喜欢的销售员就好多了。我们问："你为什么上当？"老年人反问："为什么我不能花钱买个高兴？"

>>>

根据"自我决定理论"（self - determination theory，SDT）[①]，有三种需求贯穿人的一生，它们是自主性（autonomy）、胜任感（competence）与联结感（relatedness）。

"自主性"意味着，我们感到自己是有意志力、可以充分控制自我的真实个体。

"胜任感"意味着，我们能通过行动，做到一些事情。

"联结感"意味着，我们与他人保持联系，世界与自己有关。

>>>

老年人之所以坚持自己做主，拒绝子女干涉，不想他人插手，是因为他们希望对自己的生活有所掌控。

通过洞察就会发现，老年人的"任性"行为，也许正是他们针对"担心失去"自主性、胜任感、联结感所采取的"报复性行动"。

>>>

首先，买东西是老年人自主性诉求的体现。

[①]　"自我决定理论"由美国心理学家爱德华·德西（Edward L. Deci）等人在20世纪七八十年代提出，是一种有关人类个性与动机的理论。该理论聚焦于个人激发与自我决定。

退休后的老年人不需要上班，也不必为子女操心。大部分老年人有充足的时间，还有一定的储蓄，却不见得有什么特长或爱好。有人跟老朋友、老街坊交往，但有人并不喜欢集体活动。

年老之前，"我没时间"或"一切为了孩子"，诸如此类的借口还可以让自己心无旁骛地忙碌下去。一旦老年人没有借口可找，又有大把时间难以打发，就要直面人生的寂寞和虚无。

独立消费，买一些特殊的东西，会让老年人拥有积极的自我暗示，让他们更有"掌控力"和"存在感"。

从另一个角度来说，老年人是一群"职业消费者"。除了花钱，老年人对很多事情都缺乏掌控力。购买这个动作背后，有很多潜台词（如"我可以的""我独具慧眼"）。花钱消费，也是一种"进入生活洪流"的愿望体现。

>>>

其次，老年人在积极维护自己的胜任感。

在这个时代，老年人的心理更脆弱。原本老年人认为自己会随着年龄的增大而懂得更多，可事实上，老年人对很多新事物缺乏了解，感到被边缘化。他们希望成为"独立的人"，却发现自己对很多事情都无能为力。

例如，即便无法适应最新智能手机的操作规则，很多老年人仍然拒绝使用老人机、功能机（这些老式手机意味着"过时"，使用者也感到自己是"无能的"）。

老年人购买最新科技产品的潜台词往往是"我还跟得上潮流"。他们换上最新款手机，参加聚餐时将手机摆在桌子上，向朋友展示自己的"胜任感"：你们看看，我搞得定这些新玩意儿，我可没有落伍。

为什么老年人买东西不跟子女商量？明明多问一句，上网查一查，就能辨析真假。但对他们来说，询问子女也是"自我无能"的表现。即便上当受骗，也比被训斥，显得"低能"要好。

老年人最怕被训斥，因为子女的训斥往往会对他们内心的"胜任感"形成挑战。

>>>

最后，老年人的行为也包含维系"联结感"的诉求。

尽管在"相亲相爱一家人"的微信群里，他们总在转发各种信息，却发现儿女在躲避，在交流中有礼貌地"撤退"。即便在包含无限可能的社交平台上，老年人也发现自己仍然无法穿破"隔膜"，无法与年轻一代产生更多关联。

老年人参与活动、购买商品，也是试图与他人建立关系的一种尝试。

比如，我朋友的妈妈经常通过电视购物频道下单大量的罐头食品并分给子女。但子女不仅嫌弃罐头食品不好，还认为老年人在乱花钱。

实际上呢？仔细想想老年人的意图，他们是想买罐头吗？或者说，无论买罐头食品，还是零食饮料，都只是一种借口。他们是想用消费跟子女保持沟通，体现自己的关心。与此同时，老年人也期待获得同龄人的关注和理解，他们要在朋友群体内、街坊邻居中获得身份认同，甚至享受优越感。

>>>

为了体现自己的能力与活力，一些老年人在采取行动时会更加"反叛"，甚至与年轻时的他们判若两人。

比如，有的老年人不打一声招呼，就自己坐火车去外地玩了；有的老年人参加了"粉丝应援团"，为喜欢的明星一掷千金。如果子女阻止他们的行动计划，他们就更来劲地说："你管不着！"

>>>

什么是叛逆？

从心理学来说，叛逆是人们为了维护自尊对外界的要求采取相反的态度和言行。"当心理逆反被唤起时，个体通常会采取一系列直接或间接的方式来应对所面临的威胁并试图恢复自身受威胁的自由。"[1] 青少年的成长过程中经常出现"叛逆期"，可是叛逆并非青少年的特有问题。老年人扮演的角色往往更像小孩。当感受到自己有可能被他人控制时，他们就会做出反抗，努力摆脱操控。老年人看似无理取闹的举动，都在表达他们作为独立个体的诉求。

---

① 贺远琼，唐漾一，张俊芳.消费者心理逆反研究现状与展望 [J].外国经济与管理，2016，38（2）：55-56.

当我们洞察叛逆行为（任性，并非属于特定年龄）时，我们看到人们发泄情绪、表达愤怒，也许仅是因为他们需要一个排解情绪的出口，但这个出口绝对不是发泄的真正原因。

洞察老年人的言行（尤其是一些老年人不可理喻的说法、做法，就像调皮捣蛋），他们的潜台词都是在对外宣布自我的存在——"我是重要的，不是无足轻重的。"

>>>

当老年人意识到自己正在变老时，难以掌控的未来正在降临。自主性、胜任感、联结感……这些基本的需求正在离他们而去。"我还没老呢！"他们这么想，并在行动上表达"不老"的诉求。一方面，他们觉得自己不老；另一方面，变老的感受如同幽灵一般徘徊在他们心头。身体机能下降，也意味着"有一天我会失去对身体的自控力"。

在这种预期下，老年人会更加主动地追求自主决策，"变本加厉"地捍卫自己的行动自由。这如果叫"叛逆"，也是有助于老年人精神状态的叛逆。

>>>

1976 年，心理学家艾伦·兰格和朱迪斯·罗丁在美国康涅狄格州的一所养老院里开展过一次著名的"积极能动性"实验[①]。

[①] 霍克.改变心理学的 40 项研究：第 7 版.[M].白学军等，译.北京：人民邮电出版社，2018.

实验将身心情况相似的老年人分为两组。

第一组：老年人有权决定怎样布置房间，不用考虑养老院的规定。他们可以自由选择植物，并自主照料、打理它们；也可以随意挑选自己喜欢的电影，决定观影的安排。

第二组：老年人的生活一切照旧，不用为自己负责，不需要自己打扫、布置房间，不用自己选择、安排生活事务。一切由工作人员代劳。

3 个星期后，分别对两组老年人进行情绪测验。第一组的老年人明显比第二组的老年人更快乐、更具有活力。在参与活动的积极性方面，第一组老年人也明显高于第二组。例如，第一组老年人自己选择了电影和播放时间，参与观看的人也比第二组多得多。

>>>

这个关于老年人生活的实验，进一步确认了我们对老年人的洞察。

很多老年人一直保持着对最新事物的好奇心，仍然愿意持续探索新世界。老年人叛逆，无非是在争取自己的自主权、选择权。在自主活动中，他们才能强化"我能做成事情"以及"我与世界有关"的反馈。老年人需要怎样的生活呢？当然是自主、有胜任感，与世界有联系的生活。

>>>

年轻人也许会说："您别瞎折腾，歇会儿得了。"

可是，常识告诉我们：人只要活着，就不希望仅是"活着"，我们需要持续地寻求意义。

什么也不干，不主动做出选择，没有人需要自己，我们也就失去了生活的价值感。

对老年人的观察与洞察，有助于我们更好地理解父母。

对老年人的洞察也将开启新的商业机会。随着社会的深度老龄化发展，有钱有闲、生活自主的老年人会越来越多。

我们有理由，也有可能基于洞察创造新的产品和服务，让老年人（包括未来的我们）有奔头、有尊严地活下去。

我看见你，我在乎你

01 / 4

>>>

在工作坊中，我经常会让参与者以"礼物"为主题展开思考。我们的命题是"如何为你的同伴重新设计赠送礼物的体验"。

参与者两人一组，先通过访谈了解彼此的状况，再根据具体情况，为对方设计给某人（比如伴侣、父母、孩子、朋友等）赠送礼物的方案。赠送礼物，这个题目听起来简单，但每次做完之后，大家都会有很多反思。小小的礼物中，包含了对人际关系的深刻洞察。

比如，有男生说："我一想到给女朋友送礼物就头疼。总要猜，还猜不对。好麻烦……"

另一个男生感叹："老婆怎么总嫌弃我呢？我做什么、送什么，都不行，都不对。她到底在想什么啊？……你要什么就说啊，你不说，我怎么知道呢？"

>>>

对方需要更值钱、稀奇的礼物吗？我想未必如此。那么，他为什么不直接回答呢？

你问："你要什么？"如果对方回答："什么都行，随便。"他并非在撒谎。

很多时候，人们都不知道自己究竟想要什么。如果隐约的期待被对方猜到，这才是让人感到幸福的事。我们对伴侣或亲人都有关于"默契"的期望，对此似乎理直气壮：我们都那么熟了，即便我不挑明了说，你也应该知道我在想什么吧。

如果对方说："这个不好，我不要。"他真的不想要吗？也许对方盼着你猜中他的意图。

我们也经常听父母这样拒绝："你不要买，我不喜欢新手机，没有用。"嘴上这么说，但只要拿上了新手机，他们就会一边埋怨，一边流露出掩饰不住的高兴劲儿。

>>>

送礼物，是我们理解并塑造人际关系的浓缩体现。好礼物的潜台词是"也许我不知道，但我愿意去观察你、体会你，我愿意揣摩你的心思"。礼物被赞许，是因为送礼者背后的心思。送什么东西要费心思，怎么送还需要费更多的心思。

这就像一句台词说的："一个浪漫的惊喜其实不在于你具体做了什么

事，也无关你说了什么话。重要的是你的心意，重要的是花时间告诉你珍爱的人‘我看得到你，也听得到你说话’。"[1]

"我看见你""我在乎你"，这样最简单的善意，也体现了熟人、亲人交往中最朴素却十分真实的期待。

>>>

礼物意味着什么？礼物，是心意的传达；送礼物，是人与人之间交流感情的方式，也是平凡生活中的小小仪式。我们希望得到的不是越贵越好的礼物，而是经过"精心"选择的礼物，即不是给出"标准答案"敷衍了事的礼物。

什么是好礼物？好礼物要有针对性。"针对性"意味着礼物包含无法被"标准化"的部分。

任何"标准化"的事物，差别都微乎其微。从服装到电子产品，如今大部分商品都是被标准化制造出来的。钱更是最标准化的存在。作为一种衡量价值的载体，钱从来都没有色彩。

有人说，礼物的本质就是钱。但很快我们都意识到，礼物之所以被称为礼物，正是因为它不能被完全换算成钱。换句话说，无法被完全标准化的礼物，才是好的礼物。

---

[1] 出自美剧《我们这一天》第二季。

>>>

路边采来的几朵小花并不值钱，却也是无价之宝。路边的小花是不能被交易的，其中包含了一种浪漫情调和生活情趣。

贴满老照片的本子或用饮料瓶盖做成的纪念徽章，不能被标准化。就算挑选几块点心，只要亲自将它们包装起来并写几句话，它们也是非标准化的。

为什么我们期待"非标准化"？如果用非标准化的礼物传递感情，感情就是针对收礼者而来的，而不是其他任何人。什么是感情？感情，不只是表面上的讲理。传递感情的过程也像送礼物，不是表面上的应对，而是双方尝试相互理解，动脑筋、花精力，并超越期待。

比如，有人说："我老婆说我回家晚，可能是我对她不够关心。如果我信我老婆的话，每天都在家待着，我相信我老婆会更讨厌我。"

有这样理解力的男人，不仅聪明，而且爱老婆。这种分析没有停留在对方的表达上，而是触及对方真实的心思以及预期：老婆吐槽我"回家晚"，意思是我们缺少交流的时间，家里发生什么事我都不知道，我的心思也没放在家里。因此，要想改善关系，就要懂得她的关切，懂得她"不满"的情绪来源。如果我想超越预期，就不能仅就事论事。

>>>

亲近的人之所以亲近，不是因为对方接受了我的"道理"，而是他愿意倾听我的"道理"，哪怕我在强词夺理、胡搅蛮缠。

因此，如果双方争执起来，对方表达不满，没必要为此辩论。假如我有理，我就点到为止，而不是非要论出一个孰是孰非。我说了一套大道理，也许说得挺正确的，可是仍然无法解决问题。

对方不希望被说服。大多数时候，他期待的也许是你理解他的情绪，并共同化解矛盾。否则，道理上说通了，一方占了上风，也没意思。

亲密关系中，情大于理。这也像非标准化的礼物，我们所表达的真正关切大于通用的金钱或道理。我们之间的情、共同的默契、欲说还休的态度，都是为双方奠定理解基础的关键。

>>>

谈到这里，我们可以探讨一个根本性的问题。两个人之间，有真正的理解吗？

我们看到一朵花，把它称为"红花"。可是，我们所说的"红"真的是同一种红色吗？当我们说"这种糖很甜，很好吃"时，我们尝到的是同一种甜吗？当两个人彼此喜欢时，他们情愿这些是同一种红色、同一种甜。哪怕味道不同，好意总是可以心领的。只要心领了，就不会去辨析是与非。

对恋爱中的人来说，尽管也要面对一些负面的事，但他们都可以理解成正面的（或者无关紧要的）事实。我们相约去看电影，你迟到了，我愿意理解你。如果错过了时间，索性就不看了，把约会改成喝杯咖啡也好，在公园散步也行，只要一起消磨时间就行。

>>>

我们希望自己被看见、被理解。别忘了，对方也是这么期待的。

你懂我，我懂你，这是一个游戏。所谓的相互理解，都是"愿意理解"。有感情的人，才更容易"愿意理解"彼此。

那么，如何帮助对方化解不好的情绪呢？

要让对方知道，我们是站在一起的。首先我要承认这种情绪的真实性，而不是用说理否认它。

我们经常听到："这点事情算什么呢？赶紧走出来吧，会好的！……别哭了……别难过了！"

如果面对一个"掉进坑里"的人，这种话没准会起反作用。如果我们占据"有道理的制高点"说话，会表现出优越感。充满优越感的说教会败坏一切谈话。

在亲密关系中，我们必须首先承认对方"痛苦"的实在性，而不是否认这一点。换一种谈话方式，比如"对，你说得很有道理"或"我要是遇到了这样的事情，肯定比你还崩溃"，再从对方的角度进行推导和分析。我们必须先行承认"无能为力"的实在性，才能推动对方做出一点改变。只有面前的困难是实在的，一个人付出的种种努力才有相应的价值。

>>>

至于问题的答案，永远要对方自己得出结论，而不是"更明智的我"越俎代庖。

如果一个人改变了主意，不是我们的建议比较高明，而是他心中发生了"化学反应"。一个建议只是提供了合适的契机。

>>>

一个人为什么需要倾诉呢？他需要的也许不是获得建议。说着说着，也许他自己就找到了答案。

他开始诉说，就是信任的标志（我需要你）。从某种程度上来说，倾诉就像饱含感情的礼物。

我们要好好收下这份礼物，用善意倾听，并适当回应对方的情绪。如果有可能，就一起解决一些能得到解决的问题。没必要硬碰硬或强拉硬拽，因为问题不见得都有立等可取的答案。该怎么处理暂时无法解决的问题呢？我们最好把这些问题留给时间，一起等待变化的发生。

02 每个人都在他人目光下，在生活舞台上竭力表演。

表演的洞察

>>>

在人生舞台上，
我们根据"剧情需要"，穿好戏服，进入角色，登台表演。

小时候，我们模仿大人的样子说话做事；
长大后，我们依据社会准则行事。
在社交媒体上，我们还会改头换面，扮演不同角色。

你选什么样的头像？穿什么样的衣服？
用什么词句说话？打造怎样的朋友圈？
这些都取决于你想要什么样的"展示面"。

在群体中，我们希望有归属感，属于一个有共同价值的"共同体"。
我们想让自己合乎礼仪，又盘算着怎样体现出自己的特色，不那么默默无闻。

康德说："我们的心智官能中至少有一种，即判断力，
是以'他者的在场'为前提的。"①

这意味着，即便身边没有人，我们也会按照别人的目光规划自己的动作。
我们表现出的一切状态，与其说是主动呈现的自我，
还不如说是在他人注目下的舞台表现。

---

① 阿伦特.康德政治哲学讲稿［M］.曹明，苏婉儿，译.上海：上海人民出版社，2013.

你喜欢躲在人群中吗

02 / 1

>>>

我们中的一些人体验过"集体闯红灯"。一群人横冲直撞，似乎理直气壮。我们跟随人群触犯规则，却也心安理得。在人群之中，个体承担的风险似乎被分散了。

"集体闯红灯"的现象，可以被视为一种"团体迷思"[①]（ group think ）。某个团体一旦形成，其内部就会形成一种集体性的自信，甚至孕育一种盲目的乐观。由于团体成员倾向于让自己的观点与团体的保持一致，所以差异性思考角度越来越少，导致团体失去了判断的客观性。身处团体之中，一部分成员即便不赞同团体的决定，也会在团体迷思的影响下顺从。

[①] 1972 年，美国心理学家欧文·莱斯特·詹尼斯（ Irving Lester Janis ）首先用"团体迷思"一词形容团体做出不合理决定的决策过程。他对"团体迷思"的原定义为"一种思考模式，团体成员为维护团体内的凝聚力，追求团体的和谐与共识，而不能现实地评估其他可行办法"。

不仅扎堆过马路，我们出门看到有人排队，有时还会不自觉地参与其中，甚至不知道排队买什么。"不要错过！"我们告诉自己。谁知道卖的是什么？至少应该是"不错的东西"，否则怎么可能有那么多人排队？

我们的情绪和动作会跟随人群而改变。在演唱会现场，我们被热烈的气氛感染，下意识地扭动身体，忘了平常"端庄"的自己；或者跟着其他人挥手跺脚，高声重复几个词。大声喊叫的激情，都来自群体的力量。

我自己一个人做不来的事，跟着一群人一起做，就容易得多了。

>>>

歌德曾评论："模仿是人的天性，虽然人们不承认自己是模仿。"

行为主义心理学的观点是"人首先是社会性的动物"。如此说来，模仿他人，融入群体，是人类重要的本性。

神经科学家发现：人类有一种名为"镜像神经元"的神经细胞，在模仿及语言习得中起到了重要作用。这种神经元与理解他人的感觉有关，因而在人类文明的发展中扮演了重要角色。一个人不仅看见了他人的动作，还通过模仿其外在行动或体验其内在感受，跟随着他人。

科技突飞猛进，人类大脑的发育情况与几千年前相比却进步不大。人看似行为自主、自发，却不见得擅长独立思考。作为与他人协同、模仿他人的生物，我们仍然亦步亦趋地遵循着某些群体规则。

>>>

跟我们相处最久的人，对我们的所思所想、一颦一笑影响最大。

小时候，我们模仿父母的言行。孩子早就在扮演大人的角色、模仿家人的表达方式。长大一些后，我们受年龄相近的同辈人影响。相似的行为，以及来自他人的肯定，支撑着每个孤独的个体。"跟别人一样"让我们感到安全。

如果我在同学群里说，最近的流行歌都不好听，一定会得到众人的呼应。伴随我们这群人长大的流行歌也就那么几首，而近几年出现的新明星，我们连名字都叫不出一个。老同学凑在一起，更有可能嘲讽"新歌不好""新人不行"。

拥有相似知识和背景的一群人，总是聚在一起讽刺另一群人"没文化"。一群城里人觉得乡下人"土掉渣"，乡下人则认为城里有太多骗子。在国外，中国人聚在一起，往往讨论的是外国菜有多难吃，外国人简直不会烹调。

《偏见的本质》对此总结如下。

> 在地球上的任何地方，都存在着群体之间互相疏离的情况。人们与和自己相似的人交往，以具有同质性的小群体形式住在一起，一同吃喝玩乐。小群体中的成员相互拜访，更倾向于崇拜共同的"神明"。这种自然产生的内聚力很大程度上仅仅是因为这种安排比较便捷。它使人们不必在小群体之外寻求陪伴，因为在群体内部已经有很多人可供选择，为什么要平白制造麻烦，去适应新的语言、新的饮食习惯、新的文化，或者与不同教育

程度的人相处？与背景相似的人打交道显然更容易。[①]

>>>

比起说服"不一样"的人，或许还是跟相似的人在一起比较舒服。

在共同的文化和记忆的基础上，群体内的人相互支持、彼此帮衬，获得认同感。

群体的力量告诉我们：有了其他人的确认，我们谈论的话题、做的事情，都是有意义的。

如今，人群更容易聚集并相互影响，"团体"的聚集效应，更频繁地展现在互联网上。

>>>

例如，B 站弹幕区经常被大量重复发言刷屏。"awsl"（啊，我死了）、"xswl"（笑死我了）、"zqsg"（真情实感）、"nsdd"（你说得对），诸如此类的缩写词频繁地出现在屏幕上。我们很难通过这些符号识别发弹幕者的个体身份，而发弹幕的用户也不在乎是否发出"个体声音"。

弹幕是一群用户的情绪狂欢。一连串简写、符号、感叹词表达了"我参与，我发声，我也在"。人们更在乎参与其中。在人群中，我

① 奥尔波特.偏见的本质［M］.凌晨，译.北京：九州出版社，2020.

们不需要被认出来，也不太在意通过感叹词表达的具体内容。

社交媒体上"表情包"的应用越来越广泛。与缩写符号类似，大部分表情包的首要任务并非传递信息，而是表达情绪。在群聊里，表情包是一种情绪语言。使用表情包聊天，接近于一种无意义的社交游戏。

无法表达出来的意思，可以通过表情包表达出来。说话冷场了，发个表情包缓解一下尴尬的气氛；突然被安排了工作，发个表情包压压惊；群里鸦雀无声，发个表情包引发一系列"斗图"[①]行为，让群里的"社恐"人活跃起来。

表情包卡通化的表达方式，既传递了信息，又没有明确的内容。夸张的符号容易发出，表达的情绪也随之被放大数倍。热热闹闹、夸张表达、声势浩大，也体现了发言者的群体属性。

新一代的年轻用户，不甘于使用从前的语言，而是使用缩写或图形系统。曾经还有一群人使用"火星文"。无论火星文，还是缩写或其他符号，都是年轻用户群体对彼此沟通的重新编码。他们不断发明新规则，也在宣告：我们是全新的一群人，我们跟以前的人不一样。

>>>

中国的"杀马特"群体，也在用一套特殊的形象语言进行自我表达。"杀马特"以"反重力"的爆炸头、盖住眼睛的刘海等夸张造型，

---

① 斗图，指在社交媒体上通过图片聊天的方式。

以及花哨、鲜艳的服饰，表达他们与众不同的群体个性。

使用这套形象语言的人，有最初的"二次元文化"爱好者、"视觉摇滚文化"的追随者，还有发展到后来，来自城乡接合部的打工青年。"杀马特"夸张的造型特征是一套惹人注目的身体语言，"杀马特"群体向外界表达叛逆，同时在群体内部寻求相互认同。

比如，我们能明显看到"杀马特"打工者的愿望：即便我的身体需要服从工厂的"打工规则"，至少身体的一部分，比如我的头发正在表达自己的独特性。在人群中，一些年轻人通过"头发的语言"彼此确认，相互对话。他们对于自由有同样的见解，通过头发的自由实现审美的自由，进而开拓自我表达的自由。

>>>

维特根斯坦曾言："理解一种语言，就是理解一种生活方式。"布尔迪厄说："理解一种趣味，就是理解一种生活方式，理解一种社会位置。"

一群人通过一个让人发笑的"梗"对话，或者把头发烫成夸张的造型，或用相似的造句方式参与网络讨论。他们相互追随的本意不只是戏谑，还要建立一种群体化的文化趣味。词语和形象不追求永恒，旧的被淘汰，又有新的涌现，更新迭代十分迅速。它们的价值，只是呈现不同的群体主张。时代的变迁必然催生新的文化形式，冲击之前的稳定结构。年轻人急于发明新的形式，摆脱旧的惯例。

人们使用新词、新图、新符号寻找新的象征，也在寻求新的认同和新的"我们"。新的语言或风格，是一套独特的话语体系，也是一种独特的情感表述方式。最好只有"我们"懂，而"他们"——"圈外"的其他人，都不懂。

通过一种语言或相似的话题，我们寻找同伴、讨好他人、确立自己的身份。我们加入群体，就是投入一个阵营。当自己的生活乏善可陈时，我们很快就需要寄情于一个群体，让我们不再那么孤单。

在人群中，我们一起捍卫一种价值，并分享优越感。一种想法，只要支持它的人足够多，可能就会显得正确。

在旗帜鲜明的价值标签下，人们更倾向于"选边站"，加入一边，反对另一边。意见分化的现象也越来越普遍。我们都在某个群体中寻找认同感和安全感，但共同的东西多了，也容易在相似的观点中丧失自己的判断力。

>>>

当我们用一种语言捍卫一种立场时，对人群的洞察，可以帮助我们随时提醒自己：我的思想和情绪有多少来自自己，又有多少来自"想象中的共同体"？

我们理直气壮的看法、冲动的行为，是独立思考而来的，还是群体思维的延伸？

我们是否沦为应声虫，或随大流的模仿者？我们的自豪感有充分的理由吗？或者，我们只是在重复的表达中释放情绪，在人群中追求一种盲目且有归属感的幻觉？

你看起来很独特吗

>>>

在社交媒体上，每个人都要选个头像。你选了怎样的图片用作头像？

是自拍照、家庭合影，还是宠物、偶像、卡通或风景照？

头像，与其说描绘了一个人的现实状况，不如说呈现了他的愿景。

用自己童年时的照片？也许意味着眷恋一段旧时光。

选择某位明星的照片？也许明星身上的一些特质，是图片使用者的自我期许。选择卡通图片呢？图片使用者希望自己是可爱而好相处的人吧！

选择自然风光的图片？雪山、大海、溪流……纯粹的景观意味着自由、开阔、平淡……使用这种图片的人可能想强调随遇而安的生活观念。

社交媒体上的头像，是我们自选的化身（avatar），也是数字时代的面具。

我们也许以为可以通过虚拟人设推断他人的性格信息。我们可以猜测：这个人想要展现怎样的性格特征？

>>>

不过，所谓的面具无法代表全部。任何面具之下，都藏着一些其他东西。

不难发现，不仅性格外向的人会选择色彩丰富的头像，做事严谨的人也有可能选择色彩丰富、色调明快的图片。性格严谨、一丝不苟的人，也许希望透露自己积极的一面；而那些性格幽默的人，反而有可能隐藏自己滑稽的表情。

即便网名叫作"风轻云淡"，他也有可能做不到风轻云淡，甚至他的个性还是"清淡"的反义词。不过，"风轻云淡"的说法仍然是一种自我祝愿。

>>>

再翻一翻朋友圈吧。让我们看一看朋友们发了什么动态，想一想这些动态又意味着什么？

人们分享的大多是这样的动态：我吃了什么好饭、喝了什么好酒、去过什么好地方。选择分享这些场景，一定是因为它们是特别的。旅行生活值得分享，因为旅行意味着离开平常的生活轨道。分享吃或喝，也是因为这些饭菜代表一段又一段不同于日常的特殊时光。如此说来，朋友圈的动态是经过了筛选与评估的，很少有人会分享自己未经打磨的平庸状态。

朋友圈的细节里充满各种类型的"小心机"。当我拍照展现整洁的书桌一角时，我有意让摄像头的取景框避开了脏乱差的角落。有人晒出一瓶限量版的健康饮料，或者秀一下排队很久才买到的奶茶。尽管拍照之后，他也许就扔掉了饮料，或只喝了两口奶茶。

>>>

在社交媒体上晒出自己最爱的电影时，除了表达喜爱，人们不可避免地还会考虑到电影的"自我表现"作用：我是选择最新的流行电影进行点评，还是选择小众冷门影片诉说心得？什么样的影片能代表我？我要尽量避开跟别人相似的平庸选择，还要注意不能太夸张，我必须兼顾公序良俗，避免让自己像个怪胎。

朋友圈的影像，呈现了生活中的精彩场面。我们选出的一些物品、电影、音乐，看似是随意的发布内容，实则是被精心挑选出来的代言物。被留在时间线上的图片、文字，不仅是受我们喜爱的，更有可能是"能代表我"出场的、有意味的"展示面"，带有自我塑造的成分。

>>>

什么是真实?

社交媒体里的真实,哪怕看起来轻松随意,也是经过精心挑选,并被裁剪、修饰过的。

真实,并非对应一个恒定不变的标准。"真实的自己"也可以理解成一种自我愿景的展示风格。这就好比很多男人一直不懂"裸妆"的含义。"裸妆"并非不化妆,仅是看起来"没有痕迹"的一种化妆方式。化了"裸妆"的脸虽经过精心修饰,看起来却自然清淡,是一种"伪素颜"的形象。

"裸妆"看起来不刻意,却也需要大量的时间打造。

"裸妆"并没有去掉脸上的面具,仅是把油粉厚重的面具换成另一种"看起来轻松"的展示风格。

>>>

同样的道理,自拍照看起来随意,却绝不简单。

>>>

自拍照是我们生成的一个"替身",用来代替自己站在前台表演。自拍就是通过一系列复杂流程生产"另一个自己"。

我们精心搭配服饰,选择商场、咖啡店、展览馆等特别的背景,选择拍摄角度，定格满意的表情，选择滤镜和特效，还要重点修改照片：修改脸型、增白增亮、增大眼睛、调尖下巴、调整视觉效果……完成一系列复杂的自我塑造后，终于大功告成，我们这才放心地宣布：这才是我。

发布照片时，发布者还要强调"随手拍了两张照片"，以此掩盖自我塑造的心机。

我们对自己的样子，拥有掌控权。发出来的自拍照，哪怕声称它是"记录"，也绝非仅是"记录"。自拍照是为了"自我表现"而存在的。选择什么时间、地点，发哪张图，选择怎样的分享方式，都是在思考如何完成一种理想化的自我叙述。

>>>

社交媒体是个舞台，我们需要洞察每天活跃在舞台上的"戏精"。

数字化的屏幕好比一块镜子。在镜子面前，我们的行为举止，包括面部表情和肢体语言，都容易表达过度。为了效果更好的照片，我们早就拥有了被摄像头充分训练过的表情。一旦面对镜头，我们立刻就能进入设定好的表演状态。

每个人的日常表达都不仅限于"我是谁"，还包含强烈的动机——"我要""我愿""我能"。

除了展示自拍照，我们还在分享跑步里程数、减肥健身效果、打卡背单词进度等，尽管形式不同，但都有相似的演示目的。我们要向大家宣布"我要""我愿""我能"，我们在努力追求自我绩效的提升，让今天比昨天更好。

>>>

在点赞驱动的数字世界中，我们进行自我展示的主要驱动力就是获得更多"赞"。

"如今，只有当事物被展示出来并得到关注时，才拥有了价值。"[1]

在社交平台上，我们都想展现独特的一面。足够稀缺的内容，才能引人关注，被更多人看到，并获得"赞"。每次发布动态后，我们都要多次查看，随时数一数新增了多少个"赞"。

我发的东西，难道没人喜欢、没人评论吗？是我的措辞不行，还是图片不够有吸引力？朋友们不再关注、喜欢我了吗？这么一想，我还要努力发点其他的内容，找到更合适的朋友来捧场，烘托我的存在。

有一次，我发现我爸爸坐在沙发上摇手机。我一问才知道，他这样努力摇只是为了增加一些步数，在朋友圈的步数排行榜上有更好的表现，避免排名倒数。摇到后来，他自己都觉得荒诞。幸亏我当时就帮他关闭了比赛功能，不然，我爸爸不知道何时才能终止这个奇怪的比赛，还要继续努力制造数据。

① 韩炳哲.倦怠社会［M］.王一力，译.北京：中信出版集团，2019.

>>>

韩炳哲提醒我们，21世纪的社会不再是一个"规训社会"，而是"功绩社会"。在"功绩社会"中，社会成员也不再是被动的"驯化主体"，而是主动的"功绩主体"。所谓"功绩主体"，就是我们经常告诉自己"我能做到"，为了看起来越来越好不断地鼓动自己加把劲，做出更多"成绩"。"社交网络中的'朋友'承担的主要功能在于，提升个体的自恋式自我感受。他们构成了一群鼓掌喝彩的观众，为自我提供关注，而自我则如同商品一样展示自身。"①

我们积极进取，并非要给别人看。在虚拟世界中，我们用他人的眼睛做镜子，在镜子前努力表演，最终看到的只是自己。

就像我们前面谈到的头像、网名或自拍照，这些"展示面"都不见得是给他人看的。这些信息只是以展示的方式给自己看，用来关照自我的，人们想用自恋满足自我的情感需求，想把这出戏持续演下去。只不过，为了提升展示效果，我们不断地提升表演的精彩程度，通过他人点赞赢来的情绪反馈却变得十分脆弱。我们好不容易得来的信心，很容易在表演停下来的片刻间就失去。

>>>

聚会易散，烟花易冷。热闹之后，悲哀的人到处都有。如果你还没发现，就打开朋友圈看看。凡是三天两头强调自己很快乐的人，可能都有点特殊的隐忧，不然也不会三番五次地说自己快乐。

---

① 韩炳哲.倦怠社会［M］.王一力，译.北京：中信出版集团，2019.

没有什么，反而就要说有什么，还要格外强调一下。

这就好比，从前一些穷人上街也要在嘴巴上涂一层油，表示自己家的日子过得并不差劲。

>>>

不过，"强调存在感"这种事，最好适可而止。

事实是，没有多少人在意我们的长相如何，或是否与众不同。我们都想让自己更特别，可是最后会发现：格外关心我们的，还是我们自己。

过度表演容易让自己显得可笑。再说，那些我们自以为独特的东西，仔细看看，也只是商业社会中每个人大同小异的模板而已。

人穿衣服，还是衣服穿人

02 / 3

>>>

有一次，我的一位老板朋友开车，我坐在副驾驶位置上，注意到他手腕上金光闪闪的名表。

我夸手表好看，他点点头，我们又聊了点别的。下车时，他把表摘下来，表示要送给我。

他说："别客气，这是假货，很便宜的，拿去玩玩。"

后来，我们见面，又讨论了这个话题。

他对我说："人过了一个阶段，戴什么都无所谓。""关键看你穿戴得像不像……"

有人花了大价钱，却穿什么都像穿假货；也有人怎么穿都像穿真货。

>>>

如果将穿衣服的话题继续聊下去，就会触及一个洞察：

有时候，"人穿衣服"；还有时候，"衣服穿人"。

这句话的意思是，如果一个人能驾驭衣服，那么衣服就是"人的延伸"；如果驾驭不了，人就成了衣服的附属品。

如此一来，有人随便搭配的一些便宜货，也像私人订制的高级货。有人浑身上下都是奢侈品，但看起来并不高级，反而显得可笑。

可是，我告诉其他人这样的发现，却难以得到奢侈品爱好者的赞同。

>>>

我认识一个白领小姑娘，省吃俭用存了一些钱。等钱存够了，她精心打扮一番，背上之前买的"高仿"奢侈品包，到了销售"真货"包的商店，买下了跟"高仿品"一模一样的"真货"。在服务员面前，小姑娘清空了自己包里的东西，换上"真货"离开，并请店员当场帮她把自己的"高仿品"扔掉。

小姑娘去专卖店当场淘汰"高仿"包。全程走下来，她感到十分愉快。奢侈品店就是她的舞台，他人的目光就是灯光。小姑娘就像登上舞台完成表演，店员们见证了这个重要的时刻。这是属于她自己的仪式，是见证她成功的里程碑。

"何苦呢？"我跟小姑娘聊。她回答："你不懂。"

不过，后来我也逐渐理解了她的意思。一件"真货"，不仅是给别人看的，更是给自己看的。

一方面，"高仿换真货"，当然是给"懂行"的朋友看的；另一方面，当场扔掉"高仿品"也在暗示自己："穿戴一些好的，给努力的自己一个交代。"

我们辛苦加班，买一些昂贵的衣服，让自己看起来更好。我们闪亮登场，不同以往。我们不是一般人，我们要"做更好的自己"。我们追求卓越，让自己越来越好。

我们的消费生活，充满类似的荒诞。我们努力生活的状态，需要通过浮夸的方式表现出来。罗兰·巴特说："流行的神话，在玩弄着社会价值与人们的记忆。"[1]

如何玩弄呢？我们经常见到月薪 1 万元的时尚编辑，组织图文素材为月薪 5000 元的人介绍亿万富豪的时尚生活。如果多数人习惯了这种惯例，消费文化就不再是假模假式的虚构，而是一套由深入浅的表演指南。人们要用认真的态度置办行头，粉墨登场，让自己真正相信自己必须按照规矩穿戴，避免不合时宜的尴尬。

>>>

可是，我们上台表演所遵循的最基本标准，是看起来"像"。

---

[1]　巴特.流行体系[M].敖军，译.上海：上海人民出版社，2016.

斯坦尼斯拉夫斯基对于演员的表演状态有一句经典的点评："我看不像！"他告诉演员，不要过分依赖衣服、造型。"靠得住"的表演需要由内至外地进入角色，演员在表演角色时，主要任务在于提升表演的心理可信度。

这个经验在日常生活中也适用。奢侈的衣服穿在有些人身上，反而显得寒酸。只不过，人们不见得有强大的心，只好依靠容易识别的外表附加物进行修饰、烘托。

况且，在我们的时代，注重外在表现的文化不可忽视。在普遍视觉化的世界中，很多东西都需要表露在外。

>>>

人为什么穿衣服？除了保暖、遮挡身体，还有适应文化的需要。

穿衣戴帽，有一套文化规则。马歇尔·麦克卢汉归纳说："衣服是一种社会皮肤、文化皮肤，可以界定自我，也可以穿和脱。"对于该穿什么衣服，一种考虑是：穿什么是合适的？同时，我们还在惦记着：我穿什么，才能显得跟别人不太一样？

从中我们可以洞察矛盾：在穿衣服、选配饰时，人们既要合乎规则，又想表达个性。

>>>

我朋友的孩子上中学。学校规定上学必须穿校服。这是规定，学生即便不乐意，也只能按照规章执行。学校的意图很好理解：服装标准化，整齐划一，有利于集体意识的形成；避免相互攀比，抑制学生的虚荣心，让大家专心学习。

可是，学生不可能都乖乖听话。遵守规定是一回事，很多人仍然会开动脑筋，让自己显得有些不同。比如，他们会花心思挑选一双与众不同的鞋。于是，鞋子成了学生比拼的重点。

后来，学校干脆规定只能穿黑鞋，甚至要求鞋底都必须是黑色的。

但是学生身上总有一些地方是学校管不到的，比如，校服内的衬衫、书包上的挂件……许多位置都有可能添置一些个性物件、图案，用来展示自我，让自己看起来与众不同。

>>>

你穿什么，你就是谁。不仅孩子们这么想，我们每天也都在穿衣服这件事情上耗费心神。反过来，通过对他人穿衣风格的观察，也能洞察一个人的心机和个性。

如果一个人选衣服中规中矩，他的意思是"我是规矩人"。他不喜欢被其他人注意，最好"把我放人堆里找不到我"。有一些人的服装策略介于规则与个性之间。他们只是在细节上有所修改，打破预期的着装规范。比如，多数人戴黑、蓝领带，一个人戴一条有花纹的红领带会显得与众不同。再比如，穿西服配白球鞋，也打破了规范。在一群商务人士中，只要场合得当，选择这种搭配的人往往显得自信而有趣，并不过分。

那些主动选择古怪衣服的人呢？他们唯恐大家看不出来。穿衣人的潜台词就是"快来看啊！我跟你们不一样"。

还有一些人，选择回归更不起眼的状态。比如，史蒂夫·乔布斯出席发布会时的著名打扮——黑色高领毛衣配牛仔裤、运动鞋。他不希望衣服喧宾夺主。可是这种朴素的搭配，不仅成了他的个人标识，也成了科技圈精英争相模仿的流行样式。

我认识一位权威人士，他只穿灰色 T 恤。打开他的衣橱一看，挂了一排一模一样的衣服。

他给出了他的道理：不希望为了每天穿什么耗费心神。简单朴素，也是一种策略。他说："想把心思用在其他地方。"

>>>

着装方式影响我们的思考和行为方式。法国评论家贝多万在《面具的民俗学》中说："穿衣与化妆是对人存在的形象进行加工改造，以修正存在本身的尝试。通过改变自身的物理形态改造内在以突破自我极限的欲望，时刻不停地刺激着我们。"

曾经有一个实验，实验的参与者分别穿休闲服装和正式服装。穿着正装的人在给定的任务中表现得更好，在创造性、组织性任务方面更突出。在另一项有关谈判着装的实验中，与穿休闲装的参与者相比，穿西装的参与者在谈判中表现得更好，他们似乎处于支配地位。一位老绅士告诉我，他会选择穿让自己不舒服的正装，这样对自己的言行有所约束，让自己始终保持体面，言辞得体。

而一些创业公司鼓励高层管理人员穿牛仔裤。牛仔裤不仅意味着开拓和野性，而且比起西服套装，牛仔裤让管理者行动起来更开放、更敏捷。

疫情期间，居家开会可能让你打不起精神。我的建议是即使不用打开摄像头，你也应该穿戴整齐，这样才更容易进入工作状态。

>>>

我们变着法地装扮自己，真实的顾虑是希望跟别人不太一样，但又不能太不一样。在人群中，跟别人一样有些乏味，而看起来太不一样，又有些危险。

人们换衣服、装饰身体、化妆，都好像戴上面具。这些行动可以包裹自己，形成保护色，让自己更隐蔽；也可能让自己绽放，变得更显眼。

在生活的舞台上，在与他人的关系中，衣服是我们的角色密码，也是一种规范。我们通过外在的约束，实现对行为和生活状态的管理。通过观察人们的穿衣打扮，我们可以得到很多洞察。这个人怎么看待自己？他想要别人怎么看待他？从某种角度来说，他自觉或不自觉选择的视觉形象总比他的言辞更真实。

舞台上的表演

02 / 4

>>>

我们如何解释人们的行为？今天这样，明天那样。同样的人，会在不同的情境下做出完全不同的选择。

欧文·戈夫曼用表演的洞察解释社会生活。他认为："人生就是一出戏，社会是一个大舞台，社会成员作为表演者都渴望自己能够在观众面前塑造被人接受的形象，所以每个人都在社会生活的舞台上竭力表演。"①

>>>

通过留心观察，我捕捉到自己在生活中有以下"表演细节"。

① 戈夫曼.日常生活中的自我呈现 [M].冯钢，译.北京：北京大学出版社，2016.

我跟领导说话时的状态，与跟服务员说话时的状态有所不同。即便同样是买东西，我在菜市场跟菜贩寒暄、讨价还价的态度，与在高级商场跟销售员说话的态度也不一样。

当面对有权有势的人物时，我会不由自主地"点头哈腰"，态度恭敬一些。虽然这不是我喜欢的状态，但只能怪我的脊柱不太争气。

在学生面前，当我答不出问题时，我也会不自觉地掩饰自己的窘态。在老朋友面前，我会尽量让自己显得不太寒酸。我会抓住时机，通过改变话题透露一些优越感。

通过对不同"对手戏"的表演反思，我更了解自己的"性识不定"。我没有特别的天性：我不是天生的下属，也不是天生的顾客，但我一直根据不同的场景，根据不同的人和事，主动调整自己的言行。

我注意到自己在扮演一个社会角色，而表演的规则取决于生活中的场景设定，以及相应的人物关系。如果没有舞台、没有规则、没有对手戏，我讲的台词就没有意义了。离开了"生活舞台"，我也无法判断自己的演出是否合适。

>>>

当我见到外国人士时，我会强调自己作为中国人的特征，不想被误解成日本人或韩国人。

在南方旅行，我的角色是北方人。如果我的口音少一些东北味，大家会以为我的家乡是北京。不过，我没必要进一步解释。

作为哈尔滨人，当我见到沈阳人时，我们会亲切地互称"东北老乡"。当我们谈到一些话题，比如各自城市的特色烧烤时，我们会分辨一下调料的不同（哈尔滨的烧烤会撒一些糖）。

如果遇到了另一个哈尔滨人，我会强调自己来自某个街区，或者谈一谈我读过的高中。我的身份是变化的：遇到不同的人，"对手戏"不同，角色也会发生变化。

>>>

我注意到，当大人面对孩子时，大人的说话方式会自动转换为另一种。

很多人一见到两三岁的小孩，就会立刻改换语气，说话嗲声嗲气。他们会拖长声，用"叠词"（吃饭饭、开灯灯）说话，好像只有这种夸张的风格才是适合幼儿的，这样才能体现亲切与关怀。

孩子长大了，一些父母对孩子说话的方式又从"极度亲切的风格"走向另一个极端：板着脸厉声呵斥。父母强调，这样做是"为孩子好"。大家认为父母要有"父母的样子"，"严格要求"理应如此。

如果是"我自己"说话，而不是"父母角色"说话，我们还会这样要求孩子吗？我们是否真的在意孩子真正的想法？或者我们只是遵循"应该如此"的角色法则，试图控制孩子，随时对他们施加影响？

说到底，板着脸的父母应该反思一下：这是"我自己"在说话，还是我在扮演"更像父母"的角色？我在关心孩子，还是想让自己"更像"在关心他们？

>>>

任何表演都需要得到观众的认可。人们做出行动，同样期待得到他人的回应，也许期待的是肯定、赞许，也许是某种对抗（我们也会故意惹人不高兴，比如孩子为了引起注意做出种种挑衅的举动）。

我有个朋友的孩子都 10 岁了，说话还"奶声奶气"。我说："这孩子有可能害怕长大，她在用这种语气讨好你们。如果她知道了用这种语气跟父母说话，自己的要求更容易得到满足，她就会一直用下去。"

>>>

每个人都在成长的过程中进行自我调节。面对不同的人，我们会认可或屈从于不同的关系。我们总在掂量：如何更恰当？怎样更正常？

女人应该怎样，男人应该如何，孩子、年轻人、老年人……各种各样的人都有一套标准角色设定的模板。一切带有"应该"的造句，都包含种种价值判断。

虽然没有明文规定的演员手册，我们却无时无刻不在"应该"的指导下思考、行动。任何合适的表现，都要适合舞台、符合规则、被"他人之眼"认可，即便"他人之眼"只存在于我们的想象中。

演戏一旦过了，让"角色大于人"，我们就有可能被角色控制。我们自动进入角色状态，很少主动退出来看一看、想一想。

如此一来，我们总被自己说出的话、做出的事情牵制，不断地为角色的立场辩解，试着自圆其说。按照行为主义心理学的说法，我们往往先有了行为，做出了选择，然后才开始理解自己的行为，阐释行为的合理性。换句话说，我们演得越多，表演就越合理。这种表现状态，就成了保护自己不被人质疑的"安全外壳"。

>>>

可是，我们仍可以洞察到我们的本性并非如此。环境设定了规则，什么可以做，什么不可以做，人们很容易察觉到其中的细微差异，并做出如何行动的判断。

人心不定，也就意味着很容易"心随境转"。一个人的生活井井有条，他乖巧顺从、追求规范，但并非天生如此，只不过受到环境规则的限制。一旦提供了打破限制的可能性，这个人压抑的情感往往会突破自我审查，表现得不同于往常。我认识的"好学生"都有放松自我的期待。也许，人家在台前站久了，都想离开一下，卸妆休息吧！

>>>

对表演的洞察，也从另一个角度提示了我们改变自我和他人的可能性：既然环境规则影响行动，那么我们也有机会通过改变场景和规则设置"舞台背景"，改变我们的表演逻辑。

>>>

在狂欢节舞台上，大家都有机会表现出怪异、癫狂的一面，这并不证明大家失去了理性。

比如，很多人过年时，在"狂欢"的场景下打破日常秩序。在特别的日子里，我们大吃大喝、晚睡晚起。平时要求严格的家长不会指责我们。所有人都相信自己可以放松，甚至放纵。

>>>

结婚、毕业、纪念日……每个特别的日子都通过规则设定，推动参与者做出"异于寻常"的动作，引发他们强烈的感情。《工作需要仪式感》一书中提到："心理学家发现，仪式之所以具有强大的力量，是因为它们能够将人们的身体与心理以及情绪连接在一起，而这一切都离不开'规则'。"[1]

>>>

过生日时，我们可以借机放松、闹腾一下，还可以利用这个特殊的场景给自己一些暗示，启动一些新的变化。

比如，在生日当天吹灭蜡烛前，把几个目标重复一遍，让家人和朋友共同见证我们的心愿。

生日许愿的"神圣"仪式既能带给我们目标感，也能赋予我们使命感。在特别的舞台光环之下，我们说出的愿望一定是一种强大的自我暗示。我们会认为：这是我必须做到的事情。

---

[1] 欧森，哈根. 工作需要仪式感 [M]. 李心怡，译. 北京：人民邮电出版社，2020.

>>>

《小王子》中的狐狸曾说："它（仪式）就是使某一天与其他日子不同，使某一时刻与其他时刻不同。"

我们设定舞台、设定灯光，通过改变环境，改变自己的行为规则。转换舞台，提供了改变的契机；而特别舞台上的表演，帮我们做出改变。

在有仪式感的时刻，浪漫的台词不再肉麻。当氛围感到位时，我们空洞的心也会被新的意义感重新填满。

03　认识自己，塑造自己。

自我的洞察

>>>

自我认知，也是自我的一部分。

换句话说，我怎样认识自己，也影响了我是什么样的人，以及我怎样做事。

如果我觉得自己挺聪明，我就有点得意扬扬。
如果我觉得自己是个笨蛋，我就会谨小慎微。

自我洞察，让我们有意识地感知当下的情绪、感觉，知道自己的需求，
明白自己的局限，意识到自我欺骗。

>>>

自我的习性是顽固的。

想要征服自己的情感，无论愤怒、自卑还是恐惧、嫉妒，都不是一件容易的事。
此刻我消灭了一个念头，下一秒还会出现新的念头。

"热脸贴上冷屁股"时，我被迫停下来想一想。
"冷屁股"让我清醒，大脑开始工作，反思自己的真实意图和认知偏差。

自我洞察也让我们看到了自我塑造的可能性。
只要我们的愿景清晰，持续通过"认知—行动"模式获得正反馈，
我们的心智模式就有可能发生变化。

今天，你又骗了自己吗

03 / 1

>>>

我和朋友聊减肥。

朋友说："都说吃'代餐'可以减肥，我看未必，我吃了那么久，为什么没减成？"

聊了半天我才知道，我的朋友除了吃"代餐"，还吃米饭和面条。所以，他的减肥"代餐"成了额外的加餐。

>>>

我也减肥。我发现：减肥最大的敌人是自我欺骗。

我运动了 10 分钟，流了一些汗，就以为自己完成了一件了不起的大事。锻炼过后，我决定犒劳一下自己，多吃两块蛋糕。于是今天白练了。

如果流了汗，就总会有幻觉，以为我的赘肉也跟着汗"流"走了。

依据这样的欺骗原理，有人发明了"抖肉机"。决心减肥的人，幻想着自己可以躺着不动，只要身上的肉动，多余的脂肪就自行蒸发了。

我喜欢咖啡，也曾设想咖啡对减肥有所帮助。

咖啡的苦味，为我提供了一种积极的心理暗示：咖啡的苦似乎有助于溶解赘肉。

咖啡真能减肥吗？哪儿有这种可能！更何况，很多人喝咖啡还要额外加奶油和糖，这样一来体重不减反增。

>>>

我又骗了自己吗？一贯狡猾的自我，会找出各种理由让我吃得更多，动得更少。我总想查询吃什么才能减肥。

停下来反省一下吧，我居然痴心妄想，构思"吃什么"能减肥。难道不该多关心一下"不吃什么"才能减肥吗？

>>>

根据利昂·费斯廷格提出的认知失调理论（cognitive dissonance）[1]，为了缓解认知失调的压力与不适，人会努力更改矛盾的认知，使之

---

① 费斯汀格 . 认知失调理论 [M] . 郑全全，译 . 杭州：浙江教育出版社，1999.

与自己的认知协调一致。如果吃不到葡萄，有人会说"葡萄是酸的"或者"葡萄不适合我"，这都是自我欺骗。

比如，一个人正在减肥，但他很想吃蛋糕。用自我欺骗来调和失调的认知，有以下几种方法。

第一，调整认知标准（"我没有吃很多啊"）。

第二，减少矛盾，增加积极的解释（"蛋糕很有营养"）。

第三，降低矛盾的重要性（"人生苦短，我其实并不在意超重什么的……"）。

第四，否定矛盾认知的关联性（"没有可靠的实验可以证明，吃这块小蛋糕会导致肥胖"）。

第五，放弃自我控制，推卸责任（"是我的朋友强迫我吃的，拒绝那块蛋糕等同于侮辱我朋友的厨艺"）。

第六，更改自己的思想与态度（"我想通了，我不需要，也不想减肥了"）。

>>>

每天有太多信息让我们感到焦虑。情绪、想法、信念、价值观、外界环境……这些都有可能与我们的选择相抵触。我们在情绪上抵触某件事，理性上却觉得应该做。我们深信的价值观与我们所做的事之间往往存在巨大的矛盾。为了抚平认知上的"皱褶"，让日子好好过下去，我们自动开启了一种解释机制，让自己的想法和行为更理所当然。这类合理化的"自我安慰法"随处可见。

>>>

一个人惧怕社交，却将自己的"不情愿社交"解释成一套道理，比如"我不做无用的社交""我不需要社交"。

>>>

一个人懒得干活，或者不愿付出，却将其解释成"这件事没什么必要"或者"做那么多，最终也是徒劳的"。

就连沉迷游戏，也可以将其说成"我通过游戏提高智力和反应速度"，或者"我对自己的爱好非常执着"。为了继续抽烟，人们还会找到一些例外当论据，比如"谁说抽烟害处那么大？抽烟也有活得久的"。

>>>

人们的真实意图，往往隐藏在冠冕堂皇的借口之下。我们重点强调的，都是下意识挑选过的。为了维护一个虚荣、完整的自我，我们往往使用狡猾的认识技巧，省略其他的影响因素。当我们谈论一些大道理时，自我洞察随时警醒我们"爱自己，做自己"，这类想法也许只是虚妄的借口。

为此，弗洛姆提示我们：

"当我们相信爱和忠诚时，我们要意识到自己的依赖性；当我们相信自己善良和乐于助人时，我们要意识到自己的虚荣心（自恋）；……当我们相信自己很审慎和'现实'时，我们要意识到自己同时有懦夫的一面；当认为我们的行为非常谦卑时，我们要意识到自己傲慢的一面；当我们认为只是出于不希望伤害任何人的心态时，我们要知道自己害怕自由；当我们认为自己不愿意言行粗鲁时，我们要意识到自己是言不由衷；当我们相信我们非常客观时，我们要意识到自己可能是奸诈的。"[1]

>>>

有人强调生活艰难，认为人生已经如此艰难，有些事情就不要拆穿，但事实上，揭示自我欺骗让我们有机会更坦诚地认识自我矛盾，帮助我们对自己做出合理评估，避免犯低级错误。

>>>

例如，比起腿脚不好的老年人，"自以为腿脚好"的老年人更容易跌倒、受伤。这是为什么？

因为一个"自以为腿脚好"的老年人，他的自我认知还停留在年轻时代，"自以为"的良好身体状况与实际情况存在较大的差距。如果他分不清自己的"愿望"和身体老化的实际情况，为了让自己的行动更符合自己"还年轻"的形象，就会低估风险，不注意脚下，就更容易摔倒。而腿脚不好的老年人更清楚摔倒的风险，反而谨小慎

---

[1] 弗洛姆. 存在的艺术 [M]. 汪雁, 译. 上海: 上海译文出版社, 2018.

微。自我认识，帮助他们认清了得意忘形的风险。

再比如，不会游泳的人很少在没有保护的情况下轻易进入状况不明的深水区，也就很少溺水。自以为游泳技术了得的过于自信的游泳者，更容易"逞能"并低估水下风险，有可能因此遇险。

不服老的老年人，或者去复杂水域的游泳者，都是有勇气的人。但逞能的人也会因为认知失调，情绪化地让自己去挑战一些力所不能及的事情。

我可以做到吗？我能力的边界在哪里？这样的追问都涉及自我觉知。

一心一意走路的人不容易跌倒。不过，"一心一意"这个要求看似平常，却难以真正做到。

>>>

另外，自我欺骗会让我们罔顾事实，选择有利的证据为自己辩护，导致决策失误后无法及时补救。

在考虑购买一件装饰品、挑选一只股票，或者选购一辆车之前，我们会收集资料，对各个方案反复权衡比较。可是完成购买后，我们大概率就只能看到所购买物品的好处，排斥风险信息，甚至用近乎荒诞的方式捍卫我们选择的正确性。

比如，我买了某只基金，不愿相信它会跌。当它真的下跌时，我也会跳过盈亏统计页面，故意不去看基金的最新净值。

在股票下跌的过程中，能及时逃跑的人少。大部分人明知道不行，还是会抱有幻想。面对股票下跌，他们坚持喊着："不要慌，这是调整！"他们认为自己手里的就是最好的，被套牢也不放手。这就像赌场里输钱的人，明知道接下来会有更多的损失，却欺骗自己有可能翻盘。人们厌恶损失，于是继续参与赌局，持续欺骗自我。有可能"回本"的幻觉就这样持续下去。

同样的道理，如果在下雨天，我等了公共汽车半小时，而且错过了3辆出租车，我愿意骗自己说公共汽车马上就来，愿意继续等下去。

如果我和一个人谈恋爱谈了两年，这期间双方吵架无数次，彼此都不太满意，却不舍得放弃。我会劝自己：跟别人谈恋爱也差不多。反正大家都一样，结婚之后就好了。

我们学某个专业，学得越久，改行的可能性就越小。哪怕待在一个经营状况越来越差的公司里，我们也会安慰自己，等待神奇的转机从天而降。

这样的例子不胜枚举。为了避免坏的结果出现，我们就一再拖延，直到拖无可拖，难以为继。往往不是我们主动选择诚实地直面现状，而是形势使然。到了不得不面对的时候，我们还要编个故事，让自己取得精神上的胜利。

>>>

无论男人、女人，还是老人、孩子，人们都活得不容易。可怜一下自己，给自己加油打气，也无可厚非。但我们要明白，"自我"作为一种干扰因素是非常强大的。

我们常常认为：别人有这样的风险，我就没有风险。别人可能上当受骗，但我是幸运的。哪怕真的吃亏，也要避免负面信息进入我的耳朵，我要坚持把谎话"圆过去"。

事实上，过分自洽是最值得警惕的。

我们对"幻觉"下注越多，就越难以放弃自圆其说的执念。

>>>

我们需要持续进行自我洞察，不断地审视自我：我是否把坏事解释成了好事？是否打着高尚、无私的旗号，干一些不太好的事？这是个借口，还是客观事实？

只有随时意识到自己想法的意图，我们才不至于糊里糊涂。不要"没减成肥，反而长了一身肉"。

我为什么发这么大的火

03 / 2

>>>

有时候，我跟朋友正常聊天，听到他说了一句不中听的话，会忽然发火。盛怒之下，我不讲道理，还骂出一大通歪理。出口伤人的事情过后，我回想起来，不禁汗颜。可是说出去的话也收不回来了。为什么自己反应如此大？我简直难以置信。我找到了愤怒的起因：我解释了一件事好几遍，对方仍然对我的说法表示怀疑。

"为什么你就不相信我说的话？"我会愤怒，并非为了捍卫什么真理，只是想维护自己的尊严。我把对方的几句话当成对我的挑衅。

火气的背后，是我在努力维护自尊。我企图改变对方的想法，却屡次失败，终于恼羞成怒。这恰恰是我无能为力的最终表现。

>>>

当我意识到自己发火时，我如何处理怒火呢？

一旦怒火烧上心头，我尽量停下来 3 秒。如果我察觉到怒气，愤怒的情绪也会消失一大半。

我接受愤怒，并试着追溯怒火的源头——想想令我不快的这句话意味着什么？我为何愤怒？对方说话的动机是什么？即便此刻强烈的情绪仍未完全消失，至少已经大大减弱。没有经过反思的情绪，来自自动触发的情绪惯性，而非理性。

大多数时候，发火是因为我的弱点被别人说中了，我却无能为力。

正如罗素所说："如果你一听到一种与你相左的意见就发怒，这就表明，你已经下意识地感觉到你那种看法没有充分理由。"[1] 用发怒的程度测试我对自己观点的坚定程度，是十分实用的办法。

>>>

另一种火气，可以被称为"无名之火"。这种愤怒最奇特，不针对人，也不针对事情。火气忽然升起，又忽然没了。

比如，夏天我在餐厅越吃越热，一直流汗，我就会愤怒。这意味着什么呢？也许我有点任性，将自己置于生活的中心，企图控制周围的一切。就连"热"这种事情，我都看成对自己的挑衅。仔细想想，热并不会让我失控，我对热的"不理解"才会令我失控。我想不通的是为什么这样的热或冷，会"降临"在自己身上。

---

① 罗素 . 如何避免愚蠢的见识［EB/OL］.（2017-10-11）［2023-01-12］.

如果热是理所当然的，那我就不会感到难以忍受。"心静自然凉"的道理在于：心静，我察觉并放弃了对热的怨念。一旦我接受不了热，我心里的热就更热；而当我察觉到热时，它就不再是"故意挑衅"，没什么大不了。

当我失眠时，无名之火也会熊熊燃烧，我恨自己，甚至恨一切。我越愤怒，越折腾，就越睡不着。如果试着察觉并接受"睡不着"这件事，我反而容易睡着。接受它没什么大不了，也是一种自我觉知。

在夏天，隔壁家的空调很吵，打扰我入睡。我会反思自己坐飞机的经历：在飞机上，引擎就在耳边轰鸣，音量比空调的声音大得多，我照样可以入睡。如果我将飞机引擎声当成"不可避免"的，而把空调的声音看成"失控"的挑衅，那么即便是轻微的噪声，也是对我的侵犯。

当我接受了噪声时，它也就不再构成对我的侵犯了。这种声音只是世界上很多声音中的一种。我接受了它，也就睡着了。

>>>

保罗·艾克曼列举了人类的情绪，包括6种不同的"普遍基本情绪"：生气、惊讶、恶心、快乐、恐惧和悲伤。在此基础上，人还有一些"复杂情绪"，例如嫉妒、惭愧、自豪、窘迫、骄傲等。①

情绪是什么？它是一种内心状态、内心体验。情绪就像空气，无声

---

① 艾克曼. 情绪的解析 [M]. 杨旭，译. 海口：南海出版公司，2008.

无息地环绕着我们，来得快去得也快。只要活着，我们就无法摆脱情绪。

情绪是快速升起的，而我们的想法总比情绪慢。

一旦觉察到升起的情绪，让自己的情绪暂时下来，进行自我反思，稍微研究一下情绪，理性就会启动。接受情绪，并对它们进行分解，将它们纳入认知中，就会在一定程度上瓦解它们。

>>>

比如，焦虑是一种内心动荡、不愉快的状态。焦虑是什么？顾名思义，它是担心、多想。根据卡伦·霍妮的定义，对不确定未来的"合理"畏惧被称为恐惧，而"不合理"的畏惧被称为焦虑。[①]

一旦想多了，我们就会感到不安和担忧。吃不着会焦虑，吃多了也会焦虑。睡不着会焦虑，睡多了也会焦虑。不知道做什么会焦虑、怕失去会焦虑、不如别人会焦虑。没钱会焦虑，有钱了为增值而花钱也会焦虑。为做选择而焦虑，为没做选择而焦虑，为生活中的意义太多、太复杂而焦虑，又为缺少生活的意义而焦虑。

>>>

如何将不确定的焦虑具体化呢？

---

① 霍妮.我们时代的神经症人格［M］.郭本禹，方红，译.北京：中国人民大学出版社，2013.

如果我们尝试提问，情绪会被分解为若干具体的事情。经过分解，我们的情绪目标变得清晰。对象越清晰，问题也就越不可怕。

如果我欠了债，我的任务就是还钱。我该想想具体怎样做才能挣到钱，这就是一件具体的事情，也是合理的构思，而不是泛泛的焦虑。

如果我担心我喜欢的人不喜欢我，就要分析一下对方为什么不喜欢我——因为偏见，还是对我的认识不全面？难道对方天然厌恶我？如果无法做出改变，那就是空洞的担心，不值得为之焦虑。

有人的焦虑是"如果当初怎样，就……"，这是来自过去的焦虑，既然无法控制过去，就同样不值得为之焦虑。

如果我得病了，我应该想办法治疗；如果我尽力了也治不好病，那也没办法了。做项目也一样，尽力做好，但也不见得成功。

焦虑一旦具体化了，我们担心的范围就会收窄，动荡的情绪也会有个落脚点。

>>>

如果说焦虑是油门，那么反思就是刹车。治疗冲昏头脑的最佳良药，还是理性分析。

这就好比从电影中学习的过程。"学电影"的人不仅在"看电影"，还在"观察电影"。

看电影的人沉浸其中，而观察电影的人要留一部分思想在电影之外，查看并分析电影的剧情、画面、声音、演员等要素的意义和内涵。

我们如果只关注电影中的人物和情节，就会"陷入"电影，观看时的情绪会被情感冲动裹挟。这时候，人的情绪高于事实。我们对人或事产生强烈的情绪时，认知大致处于笼统的状态。当我们跳出来，用客观的语言谈论一部电影或某个人与事时，我们就站在了第三者的立场上。

理性让我们停下来，意识到一部电影的情节走向。当意识到自身的处境，意识到情绪的起源，而不是继续跟着感性的旋涡持续旋转时，情绪就有可能平复。凡事一经分析，热情也就不再那么炽烈了。

如果知道"电影是电影"，就有可能明白"情绪是情绪"；有能力反思情绪的"幻影"，就有能力随时脱离情绪的操控。

>>>

如此说来，通过"热脸贴上冷屁股"给头脑降温，被迫停下来，也是不错的情况。"冷屁股"能让人清醒一下，让大脑正常运作。只有遇到阻碍，人才能清醒过来几秒，暂停发火，并观察自己发火的模式。

停下来，才能想起来。如果情绪停不下来，理性就只能是"情绪的奴隶"，这样谈不上反思，更不用说洞察。

>>>

如果我们不想被一种情绪俘获，就要从情绪的"外面"观察它。我们要持有旁观者的角度，而不是陷入自身的情绪。同样一件事，跳出来看，看到的会完全不同。不要"陷进去"，而要客观分析"有什么"和"为什么"。一旦启动了具体而理性的判断，我们就不会陷入情绪。

如果知道了云是由水组成的，我们对云的情绪也就变了。

同样的道理，如果意识到焦虑或愤怒的对象就像云彩一样飘忽不定，我们的焦虑或愤怒就会重回理性可控的领域。

为什么我一直有好运气

>>>

当一个人认为自己运气好时，他就会保留更多关于"好运气"的回忆。

我记得自己买彩票中过 10 元；我上班迟到，刚好主管不在；昨天，我打开手机，买到了价格优惠的限量水果。

我是个乐观的人。无论事情有多小，都可以变成好运的证据。长此以往，我觉得："我运气好，只要活着，好事总会发生。"

我认识一些朋友，明明运气不差，却经常感叹自己倒霉。遇到好事，他们会说"这次碰巧而已"；遇到一点不顺心的事，他们会将其放大成"流年不顺"的证据。明明不顺心的事只发生了一两次，他们却会感叹："为什么我总是那么倒霉？"

>>>

当反思"我是谁"时，我们总会定位到我们内心确认的关键词，这些名词或形容词组成自我定义的滤网，过滤生活中发生的事情。这一套解释系统也可以叫作"心智模式"。

彼得·圣吉说："心智模式是决定我们对世界的理解方法和行为方式的那些根深蒂固的假设、归纳，甚至就是图像、画面或形象。"[①]

心智模式不同的人即便遭遇同样的事情，也会做出截然不同的解释。

有人犯了错会说："这次我知道错了，下次会做得更好一些。"也有人犯了差不多的错却说："这证明我有多么愚蠢。"

有人感到不顺时，会觉得"不顺"是通往好事路上的一点小坎坷。有人诸事顺利，仍在感叹好时候终究会过去，人生崎岖，充满坎坷。

>>>

我们内心深处的信念，决定了自我判断的基础逻辑。这就像著名的"半杯水效应"。玻璃杯中装着半杯水，有人说："只剩下半杯水了！"还有人说："很好，还有半杯水呢！"从另外一个角度说，我们越相信什么说法，就会越接近这些说法所描述的状态。比如，当我相信了"我本质上是自由的"这种说法时，我的任性和随心所欲就有了理论基础。在做出选择的过程中，这种认知概念影响了我的选择。

---

① 圣吉.第五项修炼：学习型组织的艺术与实践［M］.张成林，译.北京：中信出版社，2009.

我倾向于选择不受束缚的、更开放的生活方式，识别生活中的"自由"状态或放松时刻，并让它们常驻于心。

在"自证预言"（self - fulfilling prophecy）[①] 的现象中，"预测"和"期待"之所以成真，只是因为我们相信或预期它们会发生。我们的行为倾向于与心中的信念保持一致。于是，我们相信的预言有很大概率被验证。

>>>

在"自证预言"的著名实验中（1968 年罗伯特·罗森塔尔与雅各布森所完成），实验者为一所中学的所有学生进行智商测试，之后告诉老师一些学生的智商非常高，让老师相信这些学生潜力巨大。但事实上实验者并非真的根据智商筛选学生，所谓的"高智商"学生是被随机抽取出来的。

这项实验的结果是，随机抽取的所谓"高智商"的学生（事实上他们中绝大多数人跟其余学生的智商不相上下）在之后一年内的学习成绩进步很快。

为什么会出现这种结果？也许是周围人的期望让"高智商"学生感到自信并下意识地更加发奋努力；也有可能是"高智商"学生被老师区别对待，老师有意或无意地给了他们更复杂的学习任务，以及更积极的评价反馈。

---

① "自证预言"是美国社会学家罗伯特·金·默顿提出的一种社会心理现象。

"优秀"的预言一旦启动，周围人的态度更有利于这些同学培养"自我优越感"。某种信念唤起了行为（包括自己和周围人的），持续的行为也有可能印证这种信念的准确性。被持续验证后，信念与行为之间不断形成正反馈，正反馈不断循环，产生更大的效力。人们先入为主的判断和信念，就这样持续影响着人们行为的结果。

为什么我觉得自己幸运？

除了乐观的性格因素，家庭给了我持续的正面反馈。从小到大，父母反复跟我强调：你是个幸运的孩子，总是有吉人相助。

尽管我的学习成绩一般，但"幸运的预言"让我尝试了别的事情，比如阅读和写作。

"做这件事不太行，也许我的运气在别的地方"，相信"自己很幸运"的我，会格外注意自己遇到的好事。虽然我也会经历坎坷，但更容易认出一些幸运的结果。

>>>

自证预言揭示了自我认知的漏洞，我们也从中看到了自我塑造的可能性。

只要改变自我描述，在行动中持续地塑造自我，我们就有可能改变心智模式。

对自我的正面评价，有可能被创造出来。我们甚至可以把自己变成一个"天才"——在某个小领域且标准不太高的天才。

比如，在广告公司工作时，我是个点菜天才。中午 AA 制的圆桌工作餐，都是由我专门负责点菜的。同事们都说我比别人更会点菜。

我的原则很简单：荤素搭配、营养均衡、经济实惠。关键的诀窍只有一个：快速点菜。我从不询问大家的意见，七八个人坐在一起，总会有各种犹豫和争执。其实大多数人都不知道自己想要什么。

我点菜的次数越多，同事就越相信我。这种反馈，让我更相信自己比别人厉害，点菜的权力就更"不可侵犯"。之后，我点菜越来越自信。来自人群的正反馈会持续发挥作用。

>>>

"自证预言"的另一层含义是，我们的行动会随着自我认知的更换而改变。行动改变了认知，认知推动了进一步的行动。

如果主动挑选"关键词"，我们就有可能控制自己的未来。我们甚至不需要思考"我想成为谁"，而是当下就认定"我是谁"。

比如，我告诉自己我是个作家。在"我是作家"的设定之下，我每天就必须写出点内容，然后发布出去。我写得多了，写作水平就会提高，别人也会以作家的身份看待我。这本身就是自我塑造的过程。

自我认知的标准提高后，我的想法和行为也会随之改变，进而适应新的标准。

>>>

有一个带点神秘色彩的说法："我们所做的每件事情，都是在向宇宙表达自己的真实身份。"① 这句话也可以换成另一种陈述方式：我们所做的每件事情，都是在向自己表达自己，也是在向别人表达自己；这一切表达逐渐形成我们的"宇宙"。

我们对自己所认定和相信的事情会做得更多，做得多了，就有可能变得擅长。而越擅长之事，我们就越愿意做下去。我们的能力与自信心，也更多来源于此。

>>>

唯一的问题是，我们是否会主动挑选自我愿景，以此标定人生道路的方向。

英国哲学家阿伦·沃茨曾对一些大学生提问："如果钱不是问题，你想干什么？"

这是个可怕的问题。沃茨补充道："如果你说'得到钱是最重要的事情'，你的生活就会完全浪费你的时间。"

可是，我们要承认，把挣钱之类的目标当作借口未必就不是件好事。一旦没有借口，连自我欺骗都会变得困难。如果你有一亿元，你会做什么呢？用这个问题进行自我测试吧！看起来很容易回答的问题，

---

① 沃尔什.与神对话［M］.李继宏，译.南昌：江西人民出版社；2015.

但大多数人不见得有一个让自己信服的答案。

>>>

从小到大，很多人按照家长和老师的指示选大学和专业，也许还会去找"有安全感"的工作。

在别人的指导下，很多人走上了看似"靠谱"的道路。对于听话的孩子来说，自我选择就像个难以触碰的传说。"喜欢"和"兴趣"慢慢变得可望而不可即，甚至消失得无影无踪。也许他们从来没有想过这些，也不敢去想"我要什么"。

我们为"世界不合我意"而感到痛苦，更让我们难过的是我们不得不接受"我很普通"的事实，如果不拥有超越他人的能力，就只能接受"如此平庸"的现状。

可是，通过自我洞察，我们知道了"自证预言"的秘密。只要我们有愿景，我们就还能调动自我，调动周围的环境和人。如果可以选择自我的关键词，那么只要我们的愿景足够明确，相关的事实就总会落在关键词上面。

定义我们的，不仅是过去的记忆，还有我们此刻的观念和行为。

一切始于我们的愿景。我们期望自己是谁？这也是每个人自我塑造的起点。

这事该怪自己，还是怪别人

03 / 4

>>>

有一次吃饭，学生抱怨："现在的生存环境这么恶劣，我的梦想也不可能实现了。""当然了，如今的经济形势不确定性很多，"我说，"可是，即便形势大好，你的梦想就能顺理成章地实现吗？"

他叹了口气，又强调自己的原生家庭、天赋、运气之类的因素。我说："无论到什么时候，无论处于怎样的境地，我们都可以选择。我们应该基于当前的状况，在我们力所能及的范围内努力改善。不能一遇到不顺利的情况，就把责任全推给外界。"

如果诚实一点，我们自身的问题在于不愿意为冒险的选择付出代价，又不甘心这样平庸下去。我们不肯客观评价自己的情况。运气好，一切顺利的时候，我们总想把成就归功于自己的能力：因为我厉害，才解决了问题。如果情况不理想，我们又会责怪条件不行，将原因推给外界，而不反思自己的问题。

>>>

基本归因错误（fundamental attribution error）说明了一种倾向：评价外界时，我们会高估主观特征（人格与态度特质），低估环境的因素；而在评价自我时，又可能完全相反，我们会高估外部因素的影响，低估个人因素。

迈克尔·西蒙斯曾举例：如果别人在工作中犯了错误，我们更有可能将其归因于他们的个性、性格或技能水平；如果我们自己犯了同样的错误，我们更有可能归咎于当时的情况（时间匆忙、感到疲倦，或者是别人的错）。[①]

这样双重标准的评价案例，我们还可以举出很多。

我在玩手机，我告诉自己：我在休息，调整状态；我在查资料，找灵感。

当我看到别人在办公室玩手机时，就觉得这些人正在偷懒。

---

① 西蒙斯. 快速了解"基本归因谬误"：破坏人际关系的认知偏见 [EB/OL]．（2019-01-06）[2023-01-13]．

约会见面，如果对方迟到，我会认为对方是"故意"的，至于他有什么具体的理由，我都不太相信。如果自己迟到呢？我要怪手机闹钟不灵，怪路上的人多，怪昨天晚上的蚊子影响睡眠质量，总之用一万条原因推卸自己的责任。

>>>

我认为自己挺不错，只要有了好的环境，我这颗"珍贵的种子"就会发芽，但现在时机未到。

如果我成绩不好，我会责怪学习环境不舒服：窗外的食物香味或乐曲声，经常让我分心。

当产品销量不好时，我不会觉得自己的产品策略或运营思路不行，而是觉得其他工作人员的素质不行，没有充分领会我的想法。可真实情况是，理想的时机也许根本就不会到来，环境从来都很复杂，时机和环境不可能一直对我有利。

>>>

双重标准的背后，是我们对自我评估的错觉，好像只有我们才最了解自己。我们总是以为，我们爱什么、讨厌什么、动机是什么，这些问题的答案只要我们想知道就能知道，而且可以确切把握。

其实，我们正在利用讲故事的机会，狡猾地修饰自己的想法和动机，让自己处于完全被动的位置上。

我的动机是好的，愿望也是好的，为什么我表现不好呢？因为我没有机会发挥。这种论调的基本逻辑还是将不理想的状况全部归咎于外界环境。

>>>

我认识很多年轻人，他们接受过良好的教育，但总是一副怀才不遇的样子。至于为什么处境不理想，他们给出的理由是"没有发挥的空间"或"没有机会"。

他们的口头禅是："我就是个工具人。"对父母、对伴侣、对老板，他们都这么说。

"爸爸妈妈，你们总想控制我。"

"男朋友／女朋友，你想让我伺候你。"

"老板，你就是想利用我，压榨我的潜能。"

>>>

按照"工具人"的逻辑，他们是家庭的工具、公司的工具、社会的工具。他们被驱使、被利用、被剥削……在世界上，他们只是被利用的对象。他们心不甘，情不愿。他们变成这样，都是被别人逼的。

从好的方面来讲，这标志着人们权利意识的觉醒。我们不希望被控制，要求被平等对待。

如果这一切都是迫不得已，我们又做了什么呢？作为成年人，我们没有任何机会对自己负责任吗？

>>>

在任何情况下，"剥削、被剥削"这种对立的说法都可以用来论述"我与他人"的关系，但我们需要有一种基本认识：在世界上，人与人的关系难以分割，所谓的"有用性"也是相互的。

只要我们还生活在社会中，我们就在"使用别人"，同时"被别人使用"。世界上的其他人制约着我们，周围的环境限定了我们的自由。不可能一切都围着我们转，我们不可能总把自己包装成弱小的、"被驱使"的一方，"我很可怜，我缺乏安全感，需要关心和爱，需要被认可"，这样说是夸大了自己作为受害者的身份，强调自己格外特殊，而且永远都是一个"不被了解的受害者"。如此，我们便放弃行动，并束手无策，推卸我们作为行为主体的责任。

原生家庭是否对我们产生了深远的影响？当然了，原生家庭决定了我们生存的底色。家庭的气氛、生活的习惯、亲子关系，在我们身上留下深刻的痕迹，持续影响着每个人的性格特征和行为方式，也影响了我们日后在独立家庭中的表现。

不过，作为一个成年人，理解了原生家庭有影响也就行了。总不能一辈子陷在这里吧？一辈子遇到的一切问题，都要归结于原生家庭吗？难道我们一辈子都无法摆脱原生家庭的负面影响吗？

>>>

又比如，如果我们刷软件、玩游戏停不下来，就只能责怪软件、游戏太吸引人吗？或者，指责这个时代的高科技？难道我们不能主动选择放下手机看看书，或发一会儿呆？

人创造了技术，技术却越来越强大，可是文明史就是如此演进的。从印刷术、广播电视，到数字网络，新的发明创造了新的机会，同时也会被人滥用。只要无法消灭这个时代的技术，只要我们还承认人的行为自由、自主，我们就不能一味地苛责技术与环境。我们沉迷社交软件无法自拔，那也是我们的选择，不能把责任全甩给电子设备。

任何技术都无法将人彻底工具化。将我们彻底工具化的，也许只有缺乏反思的自己。

>>>

有人反驳我："我也经常反思啊，经常内省。"

是啊，也许我们都曾经反思，但我们也应该知道自我有多么狡猾。任何人进行内省时都很难保持客观。一有机会，我们就会自我美化一番。

内省者会追问事情的原因。不过，我们可能有一个共同的倾向：在反思中更看重自我意图。我们会认为自己更具有优势，别人无法了解；认为自己更正确，偏见更少。对自己所信之事，我们越想越觉得对，直到深信不疑，哪怕其中包含不少虚构内容。这种认知上的"虚假优越感"也造成了自我陶醉的形成。

父母在内省后，有可能发现自己是如此无私："我做不成理想中的事业，就是因为养了孩子……为了他们，我奉献了自己的一切。"

老板在内省后，有可能觉得自己是个大好人，自己承担风险和辛苦，为了员工和社会开办企业。

我们有可能强调的是"我的意愿是什么"，而不是"这件事到底是什么"；我们不总是在意别人怎么想。事实上，我们喜欢对别人的事情指手画脚，对自己却束手无策。准确地说，也许正因为对自己无能为力，才愿意去管别人，同时美化自己的无辜处境。

>>>

"工具人"的设定，最终还是我们为自己规划出来的。如果一个人把自己定义为工具，那他就会成为工具。"工具人"设定的意图是让自己处于绝对的被动角色中，将自己无能为力以及搞砸的原因也归结于他人和环境，借此机会找个借口来推卸责任。

我们都不希望自己成为工具，可是我们也缺乏勇气，把自己当成"目的"和"主体"。纵使非常讨厌被人安排，可当我们拥有自由时，给自己寻找一个目的，不为了他人而活，恐怕也挺难的。

>>>

洞察自我，也反思环境。看到自己，也看到他人。跳出自己，洞察自我，才会找到一个相对公正的平衡点。

无论处于顺境还是逆境，我们都可以反思：哪些情况是我们可选择、可掌控的？哪些又是我们无法掌控的？

尽管有些已经发生的事情我们无力改变，我们却仍有可能做些什么。我们还可以驱动自我，去改变能改变的事情。我们可以随时提醒自己有可能出现内省偏差，自我认知的错觉会使我们对自己的行为做出自我维护，偏离对事实的解释。

>>>

如果现在一切顺利，我们应该将"对自己有利"的结果更多地归功于他人和环境，而不是强化自我幻觉。如果此时我们身处逆境，就更要在自己身上多找原因，而不是将一切推给外部因素。

唯有如此，我们才会对自己更客观，对别人更宽容。

04

如人饮水，冷暖自知。

感受的洞察

>>>

旧鞋子好，还是新鞋子好?

从道理上来说，旧不如新。
但从感受出发，总有人觉得旧鞋子更舒服。

真人服务员和点餐机器人相比呢?
先进的产品当然不错，但在很多人的感受里，科技仍然是冰冷、不近人情的。

>>>

旧鞋子不是看起来舒服，而是穿起来舒服。
感受是情感化的，和人有关而且因人而异的。

你觉得重要的，不见得是我的重点;你挚爱的，也许不是"我的菜"。

>>>

洞察感受，明白我们的感受如此细腻多变，也就更能体察人心的微妙之处。

创新者可以从感受出发，提升产品或服务的"感受性"，而不是单纯地提升性能。

了解感受的差异，有助于我们了解自身感受的局限性，
避免对他人提出"何不食肉糜"的愚蠢建议。

安全与安全感有什么区别

>>>

我们请客人到饭店吃饭，用差不多的预算点菜，可以有两种方案。

第一种方案：鸡鸭鱼肉等各类菜品通通齐全，但没有豪华的大菜。

第二种方案：大部分菜很普通，但有一盘龙虾之类的大菜。

猜猜看，客人对哪种点菜方案评价更高？第二种方案所需的支出不见得更多，但多数情况下，客人对它的评价更高。

通过这个点菜的例子我们可以知道，感受的规律决定了价值感。我们往往会记住体验中的亮点，而不是依靠理性计算体验的价值。

价值和价值感是不同的。价值感是"被感受到的价值"，研究价值感需要从理解人的认知标准开始。

>>>

比如我们谈论一辆车。车的品质与品质感有什么差异？

评价品质意味着探讨这辆车使用了哪些优良材料，具备怎样优异的配置参数和机械性能；而这些客观优势并不见得与"品质感"直接相关。比如，当谈论品质感时，有的女性车主提到车窗上的隐私玻璃之类的细节。女性车主表示："这种细节功能我也许用不到，但也会觉得厂家很用心思，很有品质感。"对其他车主来说，品质感也许是关闭车门的沉闷声响，也许是座椅皮套摸起来的细腻手感。品质感并非全部暴露在外，它们可能藏在一般人看不见，而"只有我知道"的地方。车主也不想将私人感受轻易地对外宣布。

那么，安全与安全感呢？

一辆车的安全，从客观上体现为一套测试数据，或者权威机构的证明文件。而安全感不仅来自用户对品牌的信赖，还包含因人而异的切身体会。例如，乘用者坐在座椅上的包裹感、车内的光线和声音、遇险后售后人员进行紧急处理的方式等，都会影响乘用者的安全感受。

讨论驾驶新能源汽车时，很多车主提到"开电动汽车跑长途缺乏安全感"，这里的安全感指的是"担心开一会儿就没电了，又找不到充电的地方"。担心"没电"的不安感受会像幽灵一样随时出现，哪怕销售公司拍着胸脯保证，也无法轻易消除车主的担心。如何让车主有安全感呢？这是品牌方需要细致探讨并努力解决的问题。

>>>

证明自己有品质且安全的产品，不见得就能给人品质感和安全感。产品最值钱的功能，对用户来说不见得就有很高的价值感。

开发商在一个功能上可能投入了很多心思和经费，但用户对此功能的感受不强烈，甚至评价不高；而另一些功能也许开发成本并不高，用户对此感受却很强烈。

我传达的引以为豪的部分，不见得是对方能感受到的。我们只能站在"可感"的角度评估，体会用户的感受特征，通过洞察把握他们感受与评价的微妙之处。再基于这些细腻的发现，去评估产品或服务的设计。

>>>

如今，很多创新设计都以科技为先导。越来越先进的技术也创造了无穷的可能性。可是，科技为什么存在呢？科技为人，用在产品上的技术价值最终也要回到人的价值。毕竟，使用者是人，买单者、评价者也是人。

科技创新还要面临新用户的审视、挑剔，以及价值评估。厂商认为很厉害的科技，对用户来说不见得有持久的吸引力。

>>>

比如"无人超市"，听起来是个很"上档次"的创新项目，可是在街头被采访的阿姨并不这么看。

> 记者：您不觉得无人超市的推出将改变我们传统的购物方式吗？
>
> 阿姨：改变什么呀？买东西不花钱啦？刷刷支付宝那也是花钱的！
>
> 记者：阿姨，看来您还没有理解时代发展的潮流。
>
> 阿姨：弄出个没有员工的超市就是时代潮流啦？每天都弄出些专门裁减底层员工的发明算什么本事？有本事弄出个没有老板的超市啊？

>>>

无人超市看起来先进，它运用最新的科技手段，从备货到选货、结账实现全自动流程管理。可是，无人超市降低成本了吗？这不好说。对用户来说，他们首次访问无人超市也许会感到新奇。可是之后呢？科技的新鲜感，能否构成顾客继续访问、持续消费的理由？

对上面例子中的阿姨来说，她的表达很真实，她最关心自己能否得到"不一样的实惠"。其他顾客也许各有各的诉求，比如商品的丰富度、新鲜度，也有顾客更关心隐私和数据安全等问题。

无人超市的运营者当然有他们自己的一套逻辑，而用户也有自己的感受逻辑。

对顾客来说，科技优势不见得能给他们带来价值感。如果没有站在用户角度设计无人超市，商家自以为是的优势会变得不堪一击。用户评价产品或服务，并非依照设计者一厢情愿的标准。

>>>

我和朋友路过菜市场，朋友提出疑问："这菜市场有什么用，我都在网上下单，由快递员将菜送到我家，方便又便宜……菜市场还有什么必要呢？"我带她进菜市场走了一圈。有了感受，朋友的观点也就变了。

菜市场区别于生鲜网店的地方是顾客可以清晰地看到所有鲜货，亲自挑选每一棵菜、每一条鱼、每一块肉。菜市场的商品不是被人挑选并送来的，而是我们自己观察、鉴别，并选择的。除了"买"，菜市场的体验重点更在于"逛"。我们看到的是食材实体，而不是购买界面上的名字和图片。我们边走边看，看到了不一样的生鲜食材，也许会产生新的做菜灵感。

我们可以跟不同的菜贩聊天。只要请教，他们就会告诉我们怎么处理这些食材。关系好的老板还会为我们预留应季的新鲜好菜。总之，去菜市场并非仅为了完成购买。"买菜"的过程还包含着丰富的感受和体验。

>>>

如今，网络渠道的生鲜交易挤压了菜市场的生存，甚至让很多人忘记了逛菜市场的感受。我并非要批判网店，因为我也经常使用它。但我们要明白网店与菜市场提供了两种不同的服务，也提供了两种不同的价值感。网店的普及，让逛菜市场的体验变得稀缺，反而凸显了感受的独特性。菜市场的价值感，对很多人来说超越了网店提供的方便与快速价值。如果你家附近有个菜市场，你可以多去那里选购食材，这也是一种难得的生活乐趣。

>>>

从无人超市和菜市场出发，我们可以更广泛地探讨突飞猛进的数字化潮流。数字科技是个不错的东西，但先进的就意味着好吗？

无人驾驶、无人配送、无人酒店、无人饭店……最新的科技潮流是"无人化"。每一种商业形态都有可能变成"无人"吗？一种商业形态变成了"无人"就是先进的吗？

无人科技带给我们的感受，一开始是这样的：好先进啊！都是全自动的。时间久了我们可能也会想：先进有什么用？我们为什么需要全自动呢?

>>>

比如，某家火锅连锁餐厅本来以"超出预期"的服务为主要卖点，开设了"无人餐厅"，点单、做菜、送餐、结账，均由机器人代劳。这种创新设计追求炫酷的未来科技效果，也提高了服务效率。可是主打科技元素后，价格并没有降低。而且餐厅里少了服务员，也就不再有人与人之间的交互。由机器人嘘寒问暖吗?我们知道机器人的问候，只是程序性的、冷冰冰的交互。

跟人相比，看机器人煮面条有什么意思?我们还是怀念动作笨拙的服务员小伙子，他站在我们桌边甩面条，我们总担心他出错，但看他的表演也是一种难得的服务体验。

当我们光顾快餐厅时，我们注重的价值是快速、方便、干净、实惠。可是当我们在中高档餐厅用餐时，评价体系就不一样了。什么是高级?高科技是高级吗?与屏幕交互相当于自助服务，顾客得到的信息是单一的。当体验感被压缩，交互被标准化时，顾客的价值感也会受到挑战。

>>>

关于高级的体验，我想起另一个案例。

苏富比拍卖行的一位老员工给客人开了大半辈子门。他退休之后，公司仍然返聘他，请他参与世界各地的重要拍卖活动，原因是这位老员工清楚地记得每位重要熟客的名字。

如果利用人脸识别技术，让机器人叫出客人的名字并不太难。可是，让机器人叫名字也许新颖，却并不高级。这样操作，甚至是对客人的一种冒犯。

虽然科技很发达，但我们仍然需要一位老朋友。他记得我们，认得我们，能叫出我们的名字。这种亲切的感觉，才是高级的服务体验。

>>>

人们都说科技越来越厉害了，科技能提高效率，但仔细想想，用户需要的不见得是效率，科技也不意味着"高级感"。科技仍然需要与复杂的用户需求相结合，我们也要不断寻找科技与人的连接点。

我妈妈操作智能手机经常急得满头大汗。她的手指无法停在虚拟按钮上，无论她怎么戳都无法碰到按钮。我爸爸用电脑查找资料总是花费大量时间，找不到文件夹保存在了哪里。

老年人使用电子产品时，总是不敢随便动手机，怕把它"碰坏了"。他们尝试点击屏幕上的按钮，总是点不准，也不知道如何返回上一级菜单。挫败感阻碍了他们进一步的尝试和练习。对年轻用户而言毫无操作难度的产品设计，对老年人来说是难以面对的挑战。类似的用户洞察都呼吁对产品进行体验设计的优化。

>>>

一个事物的存在感，是能被特定用户恰当感知的。从用户的微观感受入手，可以找到很多未被满足的需求，从而挖掘新的商业机会。

作为产品或服务的提供者，我们不能吹嘘自己的想法多么"高级"，也不能指责用户太"迟钝"。

我们需要仔细观察并持续反思：看起来先进的设计，是否将一种技术成功地转化为用户可感受的体验？一种看似高价值的产品或服务，对于用户来说是否真的具有价值感？

不同的人，有不同的真实

04 / 2

>>>

大雨之后，有人在赞叹"雨后彩虹"的美好景色；而同样的雨后，如果自家门前马路积水，房子还漏水，身处其中的人必定十分心烦。

大雪过后，去"湖心亭看雪"，意境美妙；不过，如果穿的衣服太少，我就会在寒风中颤抖并担心感冒，无心观赏美景。

大画家笔下的破房子熠熠生辉，他歌颂传统的生活方式，提倡保护老建筑，主张延续传统。而住在破房子里的居民的看法是什么呢？他们苦不堪言，想立刻摆脱受够了的苦日子。

>>>

"此之蜜糖，彼之砒霜"，我认为甘甜的糖果，对别人而言可能是毒药。这些感受的对比并不可笑，因为"人们的悲欢并不相通"。

我想起在我家附近，有一家人开了小卖部。夫妻二人生活在十平方米的陋室中，刚生了一个孩子，连有营养的饭都难得吃上一顿。每次路过小卖部，我都看到他们生活得十分开心。可是，有的家庭条件宽裕，一想到生个孩子，夫妻仍然眉头紧锁，再三权衡，为此发愁。

>>>

我们在评价别人的时候需要谨慎。不同的人，在不同的处境下，感受到的"真实"千差万别。

一个人看另一个人也只能从自己的角度来看，很难跳出自身的经验。同理心虽好，可是能深入到什么程度呢？

人们更多地谈论体验，但这真的不公平。看到一个人自己吃饭，一些人就总觉得他很可怜，但是独自用餐的这位先生明明很享受。一个人看另一个人总是吃素，觉得这人的生活过得清苦，可是后者觉得吃肉才是鄙俗。

很饿的人似乎能吞下一头大象，觉得什么都好吃。刚吃饱的人逛食品超市，看到油汪汪的一大堆食物就感到恶心。舌头跟舌头不一样。处境和经历不同，评价就不一样。

>>>

外企里素食主义者并不少见。吃饭时，员工会邀请我喝一种颜色奇怪的蔬菜汁——把韭菜和芹菜等蔬菜混合起来打成的汁。可是对我来说，喝下这种东西简直是一种煎熬。在某互联网大厂上课，我提问："谁是素食主义者？"被问的人面面相觑，有几位冲我喊道："我们能按时吃上饭就不错了！"他们忙到不会在意每顿饭吃了什么。这种对比，也体现了企业与个人、生存状态与文化观念上的差异。

>>>

去不同的公司上课，在不同的环境中跟不同的人打交道，让我明白了世界的多样性，也体会到感受的多样性。他人的感受是不可替代的。当谈论一种规律时，我们需要了解其适用的人群和具体情况，切忌盲目自信，自说自话。

如若不然，我们把精心设计的产品、热情洋溢的文章"热气腾腾地端出来"，得到的可能是冷淡的反响。关键在于人们对此完全"没感觉"。

这就好比女人精心描眉画眼，男人丝毫看不出来。仅涂上一点鲜艳的口红，男人就觉得女人上了浓妆。

如果对方是粗线条的弩钝之人，明示他都不见得有感觉，更何况暗示。如果对方敏感多思，就蜻蜓点水，点到即可。轻轻落下的，也许会给对方的心头重重一击。

一块泥巴，一摊水，几个孩子凑在一起也能玩一下午。家里置办了高级床垫，夫妻俩都觉得提升了生活质量；而在孩子眼里，再高级的床垫也不过是个新的蹦床。孩子总能找到有趣的新发现，因为孩子的世界是不连续的。孩子们的生活充满了乐趣，他们寻找好玩的一切，而不是寻求金钱的标价。

>>>

一种感受，并不比另一种更重要。

有一句话叫作"夏虫不可语冰"，意思是如果虫子命短，活不过夏天，就没必要跟它谈冰雪。

我不觉得这是在批判夏虫见识短浅，只是在揭示世界上广泛存在的差异。

还有一句话是"冷暖自知"，意味着我们对于他人的感受应该保持审慎的态度，延缓下判断。

当我们不理解、不明白对方时，对方也可能这么看我们。

在相对中立的立场上去想问题，就不会出现太多主观上的感知偏差。

>>>

比如，有人总抱怨："我已经给了最好的，我已经掏心掏肺了啊……为什么你不认呢？"

可是，如果洞察了感受的差异，我们就该反思：你的"真诚"，不同于对方感受到的"真诚"；你的表达与对方的认知，是两回事。

如果一个人不修边幅，说话不分场合，这些不会被认为是"真诚的举动"。大部分人虽然斥责虚伪，却受不了"真性情"的表达。几乎没有人愿意听到别人毫无遮掩的内心独白。那是宣泄，而不是真诚。

如果有些秘密无法分享，就没必要将它们和盘托出，因为对方会觉得你在挥洒自我，给人施加压力。

>>>

我们来谈谈产品。为什么现在的产品越来越个性化了呢？

因为产品不再稀缺，品种琳琅满目，供给大于需求。而每个人的体验和感受，却差异巨大。

产品设计者需要对不同用户的感受分别进行细致研究，专门洞察一种用户的感受，而不是试图解决所有人的感受问题。

>>>

比如，我们谈论好电脑的标准。

一些用户引以为傲的最高标准是质量过硬，比如一款高级笔记本电脑从桌上掉下来，把地板砸了个坑，电脑却没事，照样能开机运作。但"好电脑"对其他用户来说意味着什么呢？

对一些人来说，"好电脑"是性能好、重量轻，以及容易收纳。对另一些人来说，"好电脑"是个性化的，也可能是在同事或朋友中评价更好的。

有人可以十年不换一台电脑。可是，对经常换电脑的人来说，电脑坚固耐用不见得是很有吸引力的卖点。

>>>

同样是私家车车主，男人与女人在感受上的差异巨大。

一些车主会将自己的车当成珍贵的私人物品：我自己的车，别想让我借给别人。我遇到过一位特别爱车的用户，他本来喜欢喝酒，但为了不找代驾开他的车，也忍痛割爱不喝酒了。

另一些车主没有把自己的车太当回事，只把车当成代步工具，而不是有象征意义的私人物品。他们会毫无顾虑地把自己的车借给朋友。开车出门磕了碰了，他们不会心疼，甚至过了很久都没发现车子磕碰的位置。

有些女车主喜欢得到"贴心"照顾，喜欢"女性专属停车位"、4S店里提供的美甲服务等。但另一些女车主，十分讨厌这些"贴心"的照顾，甚至明确抗议被区别对待。对她们来说，"专属停车位"就是在搞"性别歧视"。至于美甲服务，简直是画蛇添足，放在 4S 店里不伦不类。对商家而言，他们需要更细腻地分析不同用户的差异性，分别跟用户对话，而不是粗放地提供一种无差别的设计。

>>>

又比如，我们谈论时尚。对于不同的人群，时尚包含了太多不同的层次。时尚可能是"土味"的，就好像《我的滑板鞋》这首歌里唱的"时尚，时尚，最时尚"。一些人却对"土味时尚"嗤之以鼻，觉得时尚就必须高大上、新奇特，符合国际潮流。还有人觉得所有显露在外的高调时尚都很丢人，主张"小而美"，专属于自己的时尚才叫好。

>>>

电脑、汽车、时尚……以此类推，我们可以在任何领域找到不同用户的认知差异。

存在难以逾越的感知鸿沟，也就意味着对不同的感受有所觉察并建立沟通有很大的难度。

我们很难归纳出一种通用的"好感觉"，也不应该虚妄地认为我们足够了解他人。

我们要经常反思：我的意图、我的感受、我的产品，是否有针对性地传达给了对方呢？从对方的角度，如何理解这些表达呢？

"好心当成驴肝肺"让人难过，可是并非没有原因。你的好意，对方心领了，不过也只能清淡地回复："好是好，但'这不是我的菜'。"

为什么旅游地总比不上照片精彩 **04 / 3**

>>>

我认识的年轻父母，大多热衷于时刻记录自家孩子的成长瞬间，每天拍几十张照片，手机里的照片不计其数。即使手机内存不足，妈妈们也舍不得删掉"存货"，干脆再买一部新手机继续拍照。

我问她们："为什么不把照片拷贝下来，放在硬盘上分类储存？"

妈妈们回答："分类和归档太费事，也懒得弄。"

"那么，手机里的照片什么时候会再看一遍呢？"

"也许有空会翻一翻吧，不过，谁能从头到尾看一遍？"

>>>

这就是数字时代的日常生活。我们不停地拍照、存储、囤积资源。

拍得越来越多，存得也越来越多，很多人都觉得"不管其他的，先拍下来再说"。即便我们不拍自家孩子，手机里也依然存着大量其他的照片，比如花卉、天空、风景、动物……同样很难有机会一张一张地翻出来，仔细看看。

拍照给我们一种心理暗示：拍下来就等于拥有。拥有一张照片比记住一件事更实在，因为我们"拥有的回忆"经不住仔细推敲。我以为亲身体验过的事，缺少具体的细节，想仔细回想，心中却一片虚无。

心理学家琳达·汉克尔认为，我们记录得越多，感受到的就越少，过多记录甚至损伤记忆力。她评论了大量拍照对记忆力的影响："按下快门的那一刻，就好像你把自己的记忆力外包给了相机。每当我们使用这些记忆设备时，就会减少自己的思想认知，从而不能帮助我们真正记住事物。"

玛丽安·盖瑞认为："如果家长们不能做一个好的'记忆档案管理员'，也就不能帮助孩子们学习如何谈论自己的经历……不仅是家长们失去了这部分记忆，孩子们同样也会受到影响。"[①]

>>>

"拍照效应"意味着，我们拍的照片越多，存下来的图像越多，记住的就越少。拍得越多，我们的感受就越肤浅。我们越来越漫不经心，难以调动感受力记住细节。比如，我经常见到这样的参观者：他们

---

① 经常使用相机会导致记忆力衰退？［EB/OL］.（2014-05-29）［2023-01-13］.

进入展览馆，举起手机拍照，把每个展品通通拍上一遍后再奔去别的展厅。

不仅看展览如此，如今人们看风景、见人、读书都有类似之处：目光快速扫过去，浮光掠影，缺乏耐性，很难"走心"。

>>>

在数字技术的影响下，我们对便捷的数字辅助工具产生了依赖。技术也持续影响着我们的感知方式，让我们期待被震撼。但是我们能看到的事物越多，观看的方式越多，被震撼的可能性就越小。

有个学艺术的年轻人跟我发表了一番感慨："我去了一趟敦煌，没有感到震撼，我有点内疚。"

我说："你能指望什么？参观山洞里的彩绘，指望被震撼吗？那些有名的壁画你都在网上看过，到了现场只能在幽暗的灯光下感受一下气氛。至于绘画和雕塑的细节，远不如复制品。至于古人，他们感到震撼，是因为他们没机会欣赏太多东西。"

在艺术鉴赏领域，当代人与古人的主要区别在于视觉经验的多寡。装饰精美的大教堂或布置了壁画、雕塑的著名寺庙，对古人来说是真正的视觉盛宴，因为他们一生都难得一见。

如今，人们每天生产不计其数的各种影像，我们这个时代的视觉奇观不可能来自洞窟里的艺术图像。普通人对海量视听作品感到疲倦，要想被震撼，大家会选择观看 IMAX 巨幕电影。随着虚拟现实技术的发展，让用户沉浸其中的"元宇宙"，又令大屏幕的震撼效果相形见绌。

>>>

我们只要习惯于某种感受形式，就不再感到新鲜，也不会觉得震撼了。感官上的刺激只能升级，难以降级。

手机上播放的短视频短促、精彩且紧密。电影的镜头美、光线好、表情细、角度绝。跌宕起伏的剧情会把铺垫性的叙述通通省略，几十秒的戏剧性段落代替了几个月甚至几年的平常日子。

一旦图像看多了，我们的人生就显得有些无趣。其实，并非人生无趣，而是相形之下"不够精彩"。当我们习惯了屏幕里的高光时刻时，再看生活里的场景，总觉得色彩和构图不够巧妙；过渡性情节太多，高潮时刻太少；缺少恰当的背景音乐；我们的表演搭档也不像电影里的那么"养眼"。

难以计量的媒体经验映衬着人们的日常感受，在这种经验的洗礼下，我们的思想和情感都变得"见怪不怪，波澜不惊"。这也好比我们口味的变化，身经百战的"吃货"们追求更麻、更辣、更有滋味。这样下去，人们的口味会越来越重。如果习惯了喝调味剂做成的重口味浓汤，喝真材实料熬成的汤反而感觉太过寡淡。

我们习惯了不断有内容被"推进来"，填满时间和脑神经，而不是主动选择"拉过来"一些内容，仔细欣赏和研究它们。不停地刷短视频是一种上瘾症，让人一旦打开短视频平台就无法关闭。看到后来，我们总是不知满足，却又感到厌倦。当我们使用电子媒介时，无论阅读文字还是看图像，我们都有一种快速浏览的使用倾向。手指向下滑动，目光快速跳跃，我们的全部感官都被某种"任务感"驱动，忍不住点开"未读信息"察看，持续刷新信息列表。几小时过去，我们似乎看完了全部内容，其实什么也没看到。

养成了这样的媒体使用习惯，我们就难以容忍"少量、慢速"，留给我们想象和思考的时间等同于"无聊"。如果停止观看和使用媒体，人就处于无聊的状态，就像被世界抛弃了。我们都有一种忘记自我的冲动，要把自我的控制权交出去，让自己投身于媒体的洪流。

明明可以自己选择什么都不做，不过，这种百无聊赖的"无聊"状态，却往往让人们避之不及。

>>>

技术是人的延伸，但反过来，技术也控制了人的感受和行动。马尔库塞早就提醒过："不要被技术压缩成'单向度'的人。"

哈贝马斯也警告："技术化的系统世界正在对生活世界进行殖民。"

通俗来说，思想家们的意思是"我们要明白，人有可能不再是世界的主宰和中心了"。人发明了技术，却不见得能很好地使用和控制它们。

使用最新的数字产品，意味着我们紧跟潮流、积极生活且向往时髦。可是，我们也要知道：一种技术工具或创新产品，看似是我们的所有物，却同时支配了我们。它在塑造我们的感情，也在驱使我们的行动。

>>>

比如，自从我戴上一块运动手表，我就总要关心每天的运动是否达标。

手表自动连接手机 App，为我制定了各种活动规则。每天、每周、每月……各个时间段都设定了相应的活动指标，在寒冷或炎热的天气运动，可以取得相应的"勋章"。即便我不分享勋章，我也仍然受到软件荣誉系统的影响。比如在极端天气，我想挑战自己去跑两圈，赢得虚拟奖品。

放在屋子里的智能体重秤总在"呼唤"我踩上去。它不仅显示体重、体脂，还有各种复杂数据，智能追踪各项指标并将其画成变化曲线。我好像在为体重秤上的数据而减肥。如果发现数据不好看，我就必须想办法改善，不然不好意思上秤。

>>>

我们都在按照手机导航的指示赶往目的地，路过的其他地点形同虚设，全都被我们忽略。

即使目的地近在眼前，我们也会打开手机地图导航，确认一下。

去饭店点菜，我们的主要依据是点评网站上的受欢迎排名。好吃不好吃？我们都不相信自己的味蕾，不敢轻易下判断。

我们去外地旅游，锁定攻略里提到的地点，不想绕一点弯路。旅游前，我们看了太多精选图片，看到实景后难免失落，数字化造成了过高期待，造成了旅行者感知上的落差。旅行变成了验证信息（"跟图片上的是否一样"）。我们甚至丧失了自己观看景色并感受当下的能力。

>>>

人的感官在媒体世界中变得驽钝了。我们持续陷入媒体流，脑子也很少动一下。如果停下来反思一下："我看到了什么？"我们大概一脸茫然。就像懵懵懂懂地吃了一桌菜，却想不起具体吃了什么；又好像一只老猫，不再轻易被响声或异动吸引，甚至不愿轻易睁开眼睛，因为它见过世面了。

>>>

上课时，我播放一段影片，向大家提问："告诉我，你们看到了什么？"很多同学一脸茫然。

他们总会低下头，在电脑或手机上搜索一下，看看别人是怎么说的。

我说："大家别在网上查找，你们要停下来自己看，动用自己的眼睛和脑子。不然长此以往，你们就失去了看到东西的能力，也就是感受和发现的能力。"

我强迫大家凝视一个图像。一开始大家觉得无聊，可是后来，大家会发现不少细节。大家重复观看影片，或放慢节奏进行慢速欣赏，然后复述影片内容（如果能把一部短片的内容从头到尾很清楚地讲出来，就已经算是不错的第一步）。经过讨论，大家也逐渐意识到影片中的一些不寻常之处。我们要通过自己的感受发现值得关注的细节，而非通过他人的快速转述。

>>>

"大量、快速"的生活习惯是让我们的感知变得粗浅的主要原因。无论面对文字、食物，还是艺术品或旅游景观，只要想做到快速，我们就很难有丰富的觉察。不过，只要我们保持自我觉知，慢下来，感受就有可能重新变得丰富，我们也有可能不被技术之流吞没。

>>>

很多人已经开始反思生活，谋求改变。比如，越来越多的人通过细嚼慢咽恢复胃口，吃出食物本身的味道。

在技术背景下生活，我们仍然可以"不为物所役"，恢复被技术塑造的感官能力。当我们不再急躁，不再事事依赖手机、电脑时，我们就有可能重新收获感受的自由，重建对感受的洞察。

怎么总有人说何不食肉糜

04 / 4

>>>

"大家为什么非要叫外卖，不自己下楼买饭呢？买饭还能趁机活动一下腿脚。回家时顺路打包一些，不是更环保吗？"网上有人这样点评当下的"外卖文化"。

类似的评论看似客观、理性，却忽略了点外卖用户的实际处境：他们想到楼下走走，却不见得有"站起来"的自由。很多工作者吃完饭后还要加班，能按时吃上饭已经是最好的安排。

况且，不是所有城市的各个区域都能方便地买到食物。比如我熟悉的北京，在这座城市的大多数区域，出门走上一两千米，都不见得能遇见一家饭菜质量让人满意的小饭店。

我们或许会感叹："生活在城市里的人过于依赖外卖，过度使用软件，导致'附近的消失'。"很多人忽略对附近生活的观察和感受，更关心数字媒体里的远方，这是实情。

不过，只要我们更多地了解不同群体的真实处境，就不会把话说得这么轻巧。上班族、学生、退休老人、快递员……每个人都有不一样的"附近"。你的附近很热闹，我的附近可能很荒凉。

与其感慨"附近的消失"，不如拯救一下自己对他人情况的感知能力，关注真实世界中不同人的状况。

>>>

"何不食肉糜？"——你饿了啊，为什么不吃肉呢？

从古至今，这样的劝告逻辑从未消失。这句老话听起来挺可笑的，可是每个人都有可能问出这种问题。

也许提问者的世界里有吃不完的肉。对他们来说，肉是冗余的、过剩的，而不是稀缺的。因此，他们会"推己及人"。这一类未能理解（或者不愿理解）他人状况的提问十分常见。

例如，我们对伤心的人说："难道你就不能坚强一些吗？"

我们对工作不顺心的人说："受不了吗，你为什么不辞职呢？"

"你这都不会吗？""你这都不知道吗？"用这类反问句说话的人，先站在高地之上，对其他人喊话。而感到伤心的那个人，并不缺少大道理来说服自己；工作不顺心的人，也知道回家躺着更好。如果选择这么简单，世界就真的实现和平与爱了。"我都可以，为什么你不行呢？"提出这样的建议，只是证明说话者更具有优越感而已。

>>>

"人们衡量他人的痛苦，不以自己在类似的遭遇中可能会承受的痛苦作为参照，而是以自己的设想作为参照。"[1] "为什么不……"这样的反问句是一种教训。这句话的底层逻辑是"我总有理由，而你只是在找借口"。

我们要求自己的标准往往宽松，也有充分且合理的理由，可以随时自圆其说。

我们要求别人的标准比较苛刻，可以归纳成一句："你不行，是因为你不想吗？"

>>>

以自我为中心，我们会经常高估自己，低估别人。有时候，自信本来就是形成认知偏差的主要原因。我越自信，就越容易轻易得出结论，考虑得少，内容就不会太具体，做出的判断有可能偏差很大。

例如，不怎么得病的人会觉得病人"矫情"，说："你的病哪儿有那么严重？"

家庭条件好的富家子弟，觉得人穷只是因为不够努力。这些都是认知上的偏差，也是心理学所说的"投射效应"。如果你喜欢玩游戏，

---

[1] 里德. 无处安放的同情: 关于全球化的道德思想实验 [M]. 周雨霏, 译. 广州: 广东人民出版社, 2020.

就有可能高估喜欢玩游戏的人数。你可能认为年轻人喜欢玩游戏理所当然，天经地义。

我们经常会假设他人与自己具有相同的爱好或倾向，并且认为这些事实不言自明。

>>>

我站在哪里，就会围绕哪里讲一套道理，将自己的行为合理化。我很可能预设了一个以自我为中心的标准。以自我为中心画圆，离我近的，感觉更贴近自己；离我远的，最多报以"遥远的同情心"。由于遥远，感觉不够具体，情感也淡漠得多。

挤地铁时，我如果还在车厢外，就总觉得车厢里还有很大的空间。但是一旦上了车，我就会喊："你们别挤了，车里没地方了。"

又比如，当我开车时，我觉得开得比我快的人都是"疯子"，忍不住要骂；那些开得慢的人都是"笨蛋"，也要骂。

仿佛我站在哪里，哪里就最值得被关注。

如果在世界的某个角落出现饥荒或暴力，很多人挨饿或死去，我大概也不会受太大的触动，不会想太多；但如果我家断网一小时，或者晚上要停水，我就要难受得多。

>>>

我们去柜台办事，工作人员动作缓慢，我们会觉得这些人一贯效率低下。我们不会想：这人也许身体不舒服，或者家里的事情让他心烦。

对别人，我们会说："你把事情搞砸了，让我不舒服。你别废话，说别的都没用。"而对自己，我们会说："虽然结果不好，可我的想法是好的，别人不该怪我。"

谈论自己的意图时，我们总说："我是为你好，至少也是好意。"批评别人时，我们会说："谁让他干这种事情，吃苦头也是活该。"

可以用一句话总结这种情况："我们用意图评价自己，却用行为评价他人。"

>>>

过去 20 年，知识分子曾对突飞猛进的数字技术抱有过于乐观的期待。他们以为数字技术会把世界变成"扁平"状态。"全世界的人可以空前地接近彼此"，人人信息平等，观点能得到充分讨论，大同世界似乎触手可及。

但人们很快发现，在数字技术之下，世界又重新形成了新的"部落化"结构。不仅世界不是平的，人们的大脑也不是平的。属于不同"部落"的人，总在关注各自所属的局部发生的事情，比如特定人的热点新闻，或者其他他们认为值得关注的事情。一些人在大声疾呼，处境危急；另一些人捂住耳朵，不愿意听，对呼号者的语言感到厌倦、感到反感，甚至将观点不一致的发言自动屏蔽。

在社交媒体上，每时每刻都流传着各种假新闻。对于真正的新闻，哪怕发生在附近，只要与我们无关，我们也常常漠不关心、视而不见。这个世界似乎越来越便利，我们可以使用各种翻译软件或程序进行即时通信，但大家是否相互连通、相互理解了呢？也许，现在并不比从前的沟通障碍少。

>>>

当我们对其他声音感到难以接受时，我们最好意识到：对于另一些人而言，我们发出的声音也是难以接受的。这就好比鸡同鸭讲，双方各说各话，无法沟通。

我们的想法和观念，受制于认知的局限性，更取决于感知的角度。只要稍微反思一下，我们觉得确凿无疑的事，就不见得那么确定。

>>>

如何拓展我们的感受呢？

尼古拉斯·埃普利建议："如果我们想要理解他人，最好直接和他们交谈，而非想象他们的感受。"[1] 这是一个很好的建议。毕竟，"想象别人"（尤其是以数字化的方式）容易抽象化，而切身面对他人十分具体。

在我们举办的"设计思维工作坊"（Design Thinking Workshop）中，

---

[1] 埃普利. 我懂你：如何运用"第六感"提高洞察力 [M]. 曹军，徐彬，译. 长沙：湖南科学技术出版社，2017.

确定洞察之前需要进行大量面对面的用户访谈。我们需要见到具体的人，跟他们有更深入的交流，而不是在办公室里假设他们的想法。如果我们能进入他们的生活，观察他们的一举一动，知道他们如何工作和娱乐、面对怎样的困境、有怎样的快乐，那效果更好。设计思维中的用户洞察不是一种想当然的抽象概括。通过与真实用户的互动，我们很容易鉴别出哪些感受是被包装出来的，哪些更接近于真实。

>>>

了解别人与自己感受的差异，有助于我们了解自身感受的局限性。我们也会因此减少使用想当然的反问句（"为什么不……"）。

同时，充分审视自己的感受也将避免过度夸大自我情绪，避免动不动自我怜悯。而对其他人，当我们试着理解他们的感受时，我们也可以最大限度地保持宽容。

05　宇宙并不是由原子构成的，而是由故事构成的。

故事的洞察

美国诗人鲁凯泽说："宇宙不是由原子构成的，而是由故事构成的。"
（The universe is made of stories,not of atoms.）

从篝火边的故事，到说书人的故事；
从岩洞壁画到宗教故事；
从小说到电影、电视、网络，以及游戏，
我们所熟识的世界是由故事建立起来的。
这就是我们赖以生存的环境。

故事是我们认知世界和开展行动的框架。
故事赋予我们意义，提供了行动的"指南针"和思想的"参照系"。

我们超越独立的个体，将"小我"投入更大的世界，成为故事的一部分。
作为社会关系的黏合剂，故事为我们提供了思考和想象的基础，
让我们找到了彼此的关联性，以及身份认同感。

>>>

分析故事，帮我们识别"新瓶子里的旧酒"，
也防止我们掉进一些"鬼话"包装的陷阱。

而洞察故事，让我们识别世界的运行机制，
并学会编织属于我们自己的故事。

牡蛎或海蛎子，
故事的味道为何如此不同

05 / 1

>>>

小时候读法国小说，我读到故事里的男女主人公经常吃牡蛎。

什么是"牡蛎"？听起来好高级！当时我想：牡蛎一定是一种非常高级的食品。

后来我才知道，所谓的"牡蛎"就是人人都能吃到的"海蛎子"。

我去南方旅行，当地人告诉我："你们说的海蛎子，在广东叫作'生蚝'。在台湾小吃店，叫作'蚵仔'。"

牡蛎、海蛎子、生蚝、蚵仔……难道都是同一种东西？这让我感到疑惑。听起来，它们的格调如此不同。

同一个东西，不同的名字，差别就那么大吗？

这不是食物味道的差异，而是故事味道的差异！

>>>

你吃过"烧鸟"吗？"烧鸟"其实就是日本料理店的烤鸡肉串。

很多叫作"烧鸟"的肉串，至少比中式烧烤店的肉串价格贵两倍。多出来的价格，可以被称为肉串的"故事溢价"。不仅如此，在很多日料店里，甜虾、三文鱼、北极贝等菜品的毛利率都轻松超过 70%。

>>>

无论我们去吃牛排还是日料，吃进去的不仅是食物本身，还是一串符号、一套故事。吃也是一种自我身份的确认过程。在故事里，具有象征意义的食品是"阶层的标志"。

社会学家布尔迪厄在《区分》[①]中大致写道："在食物及进食的选择上，劳动阶级强调'慷慨，不拘束'的环境，拒绝中产阶级文化的矫饰和拘谨。相反地，中产阶级则较为注重食物的品质、风格、展示的方式、美感等特性。"

---

① 布尔迪厄.区分 [M].刘晖，译.北京：商务印书馆，2015.

我们去高级饭店吃饭，俨然是参与"神圣仪式"。高档饭店的服务员，无论动作还是微笑，都十分优雅、克制。一切服务要严格遵照规则，饭店供应的食材及其烹调方式都很精致，但这只是饭店"高级"的一面，更重要的是菜品摆放及呈现方式。比如，端上来的菜品是用干净的大盘子盛装的，色彩鲜明，摆盘讲究，看起来才更有档次。

比较起来，我的家乡菜问题在于菜量太大。无论"乱炖"还是"杀猪菜"，一份菜就是一盆菜或一锅菜，所有食材都混在一起。一旦追求实惠，就缺少了故事空间。我们如果去大众菜馆用餐，就没办法讲究服务，坐在嘈杂的人群中，想说话都得靠大声嚷嚷（当然，这也是一种独特的热闹氛围）。

高级饭店的"象征性消费"，早已经超越消费行为本身。我们不是去填饱肚子的，而是进入故事去体验一整套情怀与品位的。我们会自觉遵从故事规则。如果有人想要戳破这套规则的合理性（例如评价其为"假模假式""花里胡哨"），我们还会为故事的合理性、神圣性进行辩护。

>>>

洞察故事，首先从洞察一个名字开始。名字为故事奠定基调。你的名字叫翠花、二狗子，还是艾米丽、迈克？不同的名字，内涵肯定不一样。故事的气质浓缩于一个名字。

再想想色彩的名字。白色？太普通，改叫"勃朗峰白"，好多了！

翠绿？不行，叫"翡冷翠"，是不是立刻变得高级了？

乾隆给皇太后过生日，对菜名都有讲究。关东鸭子，叫作"蓬岛仙禽"；桃子，叫作"仙源瑞果"；鸡肉馅的寿桃，就叫"凤集桃源"。这样一来，这些菜品就具备了十足的皇家派头。

>>>

当今，新晋流行的茶饮产品通常不使用常见的茶叶品类的名称（毛峰、大红袍、正山小种之类），而是拥有了一些新的名字。"幽兰拿铁""抹茶菩提""人间烟火"……市面上从来没有过这种茶。新名字建立了故事的新品类。一个新名字令人浮想联翩，却猜不出茶饮的真面目。你必须买一杯，尝一尝，才知道它的滋味。

比如，"生打椰椰""爆锤柠檬茶"，从名字就能想象出饮料制作的场景。"马不停蹄龙眼冰"包含了原料的关键词——"马蹄""龙眼"，这类名字组合读起来朗朗上口，也更有传播性。

>>>

我访问桂林，游览漓江，每次竹筏行驶到"九马画山"（这是漓江上最著名的景点之一）时，我都忍不住惊叹大自然的鬼斧神工。我不知道哪位高人最先想出了"九马画山"这个名字。这个名字给多少导游提供了饭碗。许多导游会问游客："大家数一数，在山崖上，一共看到了几匹马？"

黄山有个"猪八戒照镜子"的景点。爬到半山腰，导游招呼游客过来，用手机放大拍摄一块石头，在屏幕上指点，帮助一脸迷茫的游客认出"猪八戒"和"镜子"的所在地。

无论去桂林还是去黄山观赏山石景色，都要考验想象力。但想象力的前提是一个名字。名字为认知提供了线索，赋予了石头一个故事。

有了名字这个点睛之笔，几块石头就不再是石头，而是万物有灵的一种象征。你相信了名字，也就逐渐进入故事。于是，山坡上的几块石头、几个图案，越看越像名字所指之物。

>>>

其次，一个新故事之所以有效，是因为它充分利用了人们的旧认知。"有共识"的要素，调动了大多数人对故事的一致性理解。比如，电视广告里"专家"的扮演者，通常是满头白发、慈眉善目的长者。有一些本土乡镇企业想推出高端时装品牌，先要起个充满异域风情的品牌名，再雇几个外国人充当模特或形象代言人。消费者对于专家的长相和外国时装的品牌形象，都有相似的基础认知，有这样的线索指引，"专家"和"外国时装品牌"看起来就很可信。如果认知的土壤不改变，恐怕这种简单粗暴的认知利用在一段时间内会一直奏效。

>>>

又比如，某矿泉水品牌方曾用水仙花做实验，声称水仙花在真正的

"天然水"中会长得更好。

竞争对手的老板看后，气愤地表示："水仙花放在粪水里长势更好，难道粪水就更好？"

事实上，我的家人也用某品牌的山泉水浇灌水仙花。水仙花值几元？我看着觉得浪费，但也无法阻止用天然水"爱水仙花"的行为。这其中的原因，一定是天然水隐含着"天然"的叙事，自然地打中了人们心中对"天然"的感受。

>>>

人们普遍认为碳酸饮料不太健康，而果汁更健康，因为果汁来自水果，还是"天然的"。

人们用"本质化"推论，去掉水果的冗余之后，果汁是"最有用的本质"。但事实上，这个本质并不怎么样。

我们都知道，榨汁会去掉水果的膳食纤维，也会损失大量水果中的维生素和抗氧化物质。好喝的果汁含糖量相当高。研究表明，苹果汁、橙汁的含糖量都在8%以上，而葡萄汁的含糖量甚至高达15%～20%，几乎是等量可乐含糖量的两倍。喝一杯"纯果汁"，等于喝进20～40克的糖，40克糖相当于额外吃进半碗米饭的热量，

怎么可能更健康？ [①]

有关果汁的"健康故事"依托于人们的自然联想。这个"健康故事"，也获得了榨汁机厂商、果汁生产者以及水果贩卖者等利益相关方的共同推动，而相关的商业传播利用了消费者想当然的故事思维。

>>>

最后，效力强大的故事，往往都包含跌宕起伏的戏剧性结构。茨威格在《人类群星闪耀时》一书中，特别提取了人类历史上的 14 个重要时刻，用放大镜聚焦"命运来临"的伟大瞬间，尤其突出英雄们的戏剧性表现。如此一来，几千年历史被归纳、提炼为一些关键的故事场景。在罗曼·罗兰撰写的著名传记中，贝多芬或米开朗琪罗等伟大的历史人物都被塑造成神奇且浪漫的人，他们征服巅峰，扭转命运。这种故事的成功之处在于突出人物意志、性格等主题，淡化了其他因素。伟大的历史读起来让人血脉偾张。编织故事的戏剧化方法，一直延续到现在。大部分好莱坞卖座大片，仍然遵循着"英雄之旅"的模式。此类影片的主角即"英雄"受到召唤，调动潜能，成长蜕变，最后打败了坏人。音乐响起，故事圆满结束，观众胸中涌动着一股激情。换汤不换药的流行电影、浪漫的英雄主义故事、戏剧性的故事逻辑屡试不爽，也最契合人们对戏剧化的认知习惯。

---

① 阮光锋．果汁真的健康吗？要不要喝？真相跟你想的不一样！［EB/OL］．（2019-03-18）［2023-02-12］．

受欢迎的文化产品，其故事往往包含完整的起承转合、喜怒哀乐。读者、观众通过阅读、观看故事，就像快速过完了完整的人生。英雄要在故事中彰显伟大之处，而人们看电影、看小说时，也在寻求一面镜子，通过观看俯瞰生活，映射自己存在的意义。

>>>

尤瓦尔·赫拉利认为：智人成为地球的主宰者的秘诀在于，其能创造并且相信某些"虚构的故事"。对"虚构事物和故事"的认知，让人成为人。而不断寻求意义的人，又在消费着故事背后的象征滋味。我们不但要生活，还要不断地通过故事为生活"插入"意义。选择一个名字、一段故事，我们就获得了相应的身份。人们平淡的生活在"故事酱料"的调配下，也有了味道。

>>>

总的来说，牡蛎、烤鸡肉串、石头或果汁，单独看上去都缺乏意义，只有在故事中才有意义。

我们是故事中的人，又在呼唤着故事。我们吃东西、旅行、交谈、看书消遣，都是在故事中漫游，在漫游中寻找自我的形象。故事是我们自身形象的载体，让我们将琐碎的印象拼成完整的图形。故事之网能传递文化，也安置了我们的心。

只有学会"消费故事"的营造之术，我们才能从事创造和传播行业，并以此谋生；与此同时，我们也能理解故事虚幻的模式，不至于过度陷入名词编织的迷局，亦可拉开距离，审视自己，适当地收敛自我的物欲。

在不了解内情之前，
一切都很神奇

05 / 2

>>>

打开手机一看，通过互联网赚钱的成功案例随处可见。

在各大直播平台上，热门主播似乎什么都不用做，只需要"优雅地生活"。他们开个直播，或拍些展示日常生活的视频就可以赚钱。大家看了成功案例后，就像找到了救命稻草，觉得"这个我也可以做"。

我的朋友厌倦了上班生活，他说："实在不行，我回家开个小咖啡店，赚点生活费应该没问题。"他去咨询经验丰富的生意人。"过来人"劝他慎重，让他去看看开店赔钱排行榜。他不信，对方只能说："那也好，你去试试看吧。"

我认识的文艺青年，十有八九都有志于开一家环境幽雅的小咖啡店。

我也喜欢喝咖啡，但我也明白一个道理：自己喜欢喝咖啡，跟给顾客做咖啡完全不是一回事；更不用说开家咖啡店了，那可是相当复杂的——选址、选品、市场定位、员工管理、原料供应、质量管理……每样都是学问。

新开的咖啡店如雨后春笋，但关店的时候，创业者只是黯然离场。他们不会到处诉苦，因为失败的结束总不像开始那样值得被高调宣扬。雄心勃勃的创业者不愿意看失败的案例。成功的商业故事对外行人最有吸引力，因为他们总看到故事光鲜亮丽的外表，却很难了解（或者下意识忽略了）故事的苦涩部分。

>>>

赚钱的人都是讲故事的，"掉坑"的人也许是听故事的。

期望与实际状况的落差体现了"幸存者效应"。我们看到的往往是"幸存"的赢家，99%黯然出局的参与者都沉默了。我们记住了商业中成功的高光时刻，却忽略了大部分失败。

股票专家可以预测股市的走势吗？专家掌握各种信息，也擅长使用专业术语。不过，在很多情况下，专家讲的故事不见得可信。如果他们真的一直很准，也就不用靠当专家赚钱，直接筹钱买股票即可。

更容易成功的讲故事模式，就是多做一些预测。专家多说一些话，就总有说对的时候。如果运气也是一种能力，那么每个人都有一点。专家可以把各种预测结论像"埋宝藏"一样藏在时间线中，一百个预测中只要成真了一个，就可以把当初"预埋"的结论翻出来，再广泛宣传，让自己看起来特别准。

>>>

我们往往看到了成功的个别结果，但不知道其背后的真正原因，以及为此付出的人所负担的风险。也许我们只看到了冰山一角的成功，忽略了水面之下大概率失败的可能性。

>>>

我参加过某个投资讲座。众多成功者现身说法，台上讲得热闹，台下反响热烈。分享成功故事的演讲者不说自己是出身名门的天才人物，而是反复强调自己出身贫寒，跟台下的听众"情况差不多"——邻居家的阿姨、叔叔成功了！

在热烈气氛的鼓舞下，将白手起家的致富故事听下来，我们就很容易把自己代入。我们认为看起来不如我们或与我们差不多的人尚且如此，我们一定有机会成功。

>>>

这种成功故事通常只有一条故事主线，其他可能性都被隐藏，或被告知可以忽略不计。成功故事被简化为必然走向辉煌的旅程。主角不见得有能力，只是一根筋地相信自己能成功。突破的每一次磨难与坚持不懈的韧劲，都是后来"咸鱼翻身"的助力。

台上的分享者掌握了讲故事的权力，他们知道省略什么或者强调什么，将一些经过挑选的事实连成一条诱人的"金线"。一个结构完整的简单故事，加上致富愿望的催化，就变成了"我选择，我相信，于是我成功"。

>>>

为什么我们会产生一种虚妄的幻觉，听个故事就觉得自己掌握了秘密呢？也许在信息时代，我们更容易产生这样的幻觉。

我妈妈每天看短视频看到眼睛疼，但她仍然乐此不疲。她经常分享一些她看到的"重要信息"，其中不乏道听途说的假新闻，但她的乐趣不在于辨别真假，而是分享本身。她以及各地的老太太，都可以参与信息传播。每个人都可以随时查询并获取一切信息，这就造成了一种"我可以了解底细"的误解。

>>>

比如，我们遇到一点头疼脑热之类的不舒服的情况，有时会上网搜索症状，自己猜测和诊断，以为自己得了什么大病；或者专业人员诊断为没什么大不了，却怀疑他们的判断。医务工作者说："提前查了网络资料的人，不比其他人懂得多，但他们会更偏执或自信，得到诊断后不信任专业人士，而去寻求其他替代性的治疗方案。"

>>>

又比如，我们听了几节金融课，在小额投资中得到了一点甜头，会更容易升起"迷之自信"。我们加大投资力度，以至于"靠运气赚来的钱，靠本事又亏回去了"。对内情的洞察力，靠短期的运气而碰巧所得还是比不上靠长期的训练。

如果靠搜索引擎就能进入医疗业工作，或者靠几个小技巧就能掌握投资的诀窍，那这两种行业早就消亡了。可是，尽管这种假设被视为无稽之谈，五彩斑斓的数字世界仍然不断地给我们制造误解，让我们以为我们似乎掌握了全部的秘密和可能性。我们以为自己知道得越多，实际上也许懂得越少。一段容易懂的故事，并不见得可信。

>>>

秘密，简单来说就是信息不对等。你知道了一个可以把握的线索，却不知道全部底细，也"不明白其中的厉害之处"。

比如，厌倦了城市生活的青年，看了介绍乡村生活的精致视频，想去乡村定居。但我们看到的精致乡村视频是团队协作完成的。镜头中展示出来的"让人向往的生活"也是一种故事。

乡村的故事不止于岁月静好。如果我们住在农村，就会发现凡事都得自己动手。下大雨，屋顶漏了，要爬上房顶自己去修。养鸡、羊、鸭子，都要自己准备饲料。牛粪和驴粪，闻起来很臭。至于种菜之类的农活，既要体力又要技巧。想当好农村人真的没那么简单，因为人为编织的故事里的农村看起来很美，而现实中的故事可能"一地鸡毛"。

>>>

与此同时，不同版本的事实也在随时扰动我们的认知。总会有无穷无尽的消息涌现。这个人说了一个版本的故事，另一个人讲的是另一个版本。每个人都振振有词、言之凿凿，又有可能以偏概全，让情绪高于事实。

哪些是真的，哪些是假的？为什么我了解的信息越多，离真相越远？如何应付信息过载？哪些信息具有真正的启发性，哪些需要被怀疑和修正？

洞察意味着拥有一定的认知素养，能筛选媒体上的信息和知识，挑选有价值的内容，不轻易被"讲故事者"的情绪带动。查理·芒格的办法是：持续收集和研究失败案例。他将失败的原因排列成做出决策前的"检查清单"。失败案例让他清醒，并对自己的能力保持洞察。决策必须在自己的"能力圈"以内，而不是在理所当然的成功故事之中。①

>>>

我们被"抛到了"这个世界中。生活的实情是完整的，而精彩的故事省略或替换了饱含痛苦、失败的内容。如果每个故事都是一个房间，我们也许仅待在一个房间里，尽管四处漏风，还要维护一个完整的幻想。

洞察故事，需要抛弃不切实际的浪漫主义，辨别故事中哪些因素是主动迎合我们迫切心愿的因素。

在看到故事结论的时候，我们应该反思一下，那些我们自以为了解并笃定相信的事物，我们究竟对它们了解多少？这是一个好机会，还是伪装成机会的故事？我们内心的冲动和愿望是否助推了盲目的热情？

---

① 考夫曼. 穷查理宝典：查理·芒格智慧箴言（全新增订本）[M]. 李继宏，译. 北京：中信出版集团，2021.

女人或男人都有故事脚本吗

>>>

有一位导演请来几个十几岁的男孩、女孩，请他们设想"一个女人"的动作和表情，并表演出来。于是这些孩子扭动腰肢，动作浮夸，举止不自然。孩子所扮演的"女人"无论跑还是跳，笑还是哭，都很有"女人味"。

一番自我演示过后，导演向表演者提问："你们真的认为女人是这样跑步、这样抛球的吗？……请问，女人真的是这样的吗？"这些问题让表演者陷入沉思。

如果我们演"女人"且没经过观察、思考时，我们就会格外夸大某种刻板印象的因素。而在现实中，我们明知道大多数女人不会有这样的行为举止。

一些女人爱哭爱闹、弱不禁风，但男人之中也不乏这样的人。至于强悍的女人呢？我认识很多女人，她们比一些男人强悍得多。女人有可能很强悍，而男人有可能比女人更脆弱。从古至今，一向如此。

当我们表演女人、男人时，我们通常按照未经反思的方式，演出一种通常故事里的"人物形象"。当我们停下来想一想自己对男人、女人的印象时，我们也许会意识到这种想当然的社会认知对自我观念的影响有多么强大。

>>>

某个夜晚，一位家庭妇女阅读了《第二性》①之后，忽然开窍、反思并想要改变自己的生活。

在那一刻，她才明白：女人不见得只有一套故事剧本，一切不是理所当然的。波伏瓦总结道：男权社会是束缚女人的绳索，不仅是因为它的制度和权力，更多的是它给女人制造了自卑感，使女人认为自己不行，而且让女人无休止地成为延续种群的工具，而不是一个真正的、自主的人。

"女人不是天生的，而是被塑造成的。"当女人拥有了这样的洞察，就不再懵懂无知地遵从单一标准。一切始于女人理解了自己是"故事中的人"。故事并非一成不变，总可以有其他讲法。

>>>

当然，我们也要反思的是男人同样被故事塑造了。

---

① 波伏瓦.第二性（合卷本）[M].郑克鲁，译.上海：上海译文出版社，2014.

故事中的男人需要承担责任，有所作为，不能轻易放弃，更别说流泪、求饶。故事脚本给男人分配了"强者"的角色。男人需要体现果断的领导力，在关键时刻拿主意、解决问题。即使男人没有主意或者无能为力，也要努力为之。

在这样的角色指南之下，一个男人如果缺乏韧性、无法处理棘手的问题，就更容易被嘲笑。在重压之下，男人也许会假装坚定，维持强悍，但精神已经逼近崩溃的边缘。

>>>

社会文化安排了故事中的角色分工。男人和女人都分别活在"应该的句子"里。

作为女人，我应该温柔、体贴、贤惠，我应该养育孩子，完成生命的意义。作为男人，我应该开辟一片天地，不断地挑战自我、创造财富。

一个人不断地宣称："我是……我的本质是……""本质"这一说法，成了不容置疑的"标尺"。其实"本质"这一标准判断是被社会习俗赋予的一种想象。人们常说"我不得不"，但其实没有什么是"不得不"的。我们都在试图理解和完成"看似是这样"，却"并非一定如此"的部分。

我们要依靠种种"应该"的说法获得生活下去的动力，但多数时候"应该如此"也是我们的借口。一个人不愿意撤掉虚幻的"标尺"，怕失去生命的"锚"，自主选择似乎更让人漂泊不定。我们总谈论"应该"，却惧怕"应该"。然而，我们必须问一下："为什么应该？"

>>>

在商业社会中，世俗化的性别标准又会被媒体强化，被包装成各种版本的"消费故事"。比如，我们可以看到商业文化中的女性形象经历了怎样的变化。

一开始，广告中的女性角色多是负责貌美如花的"花瓶"，或者是包揽一切家务、精打细算的"贤妻良母"。女性的自我意识提升后，广告诉求又变成了"女人要对自己好一点"或"我值得拥有"。这种故事实质上在引导女性通过升级的消费"宠爱自己"，变成"更好的人"。

再到后来，商业放弃了"改变自己"或"追求更好"的故事，转而鼓吹"认同自己本来的样子"。例如，某内衣广告请的模特是体型、年龄各异的女人。广告的口号主张尊重一切身型样貌。广告的主角对着镜头告白："无论如何，'你本来就很动人'。"

这些广告包含与时代认知相匹配的故事策略，都在借用一种"觉醒了"的女性叙事方式，达成一定的商业目的。而一些大众文化产品针对"未觉醒"的观众，仍在制造"含糖量很高的致幻剂"。例如，专门给一部分女性观众看的热门剧集仍然在架空现实，以"爱的本来面目"为名，制造了一大堆"纯爱"的样本。这些剧集的故事强调的是偶然相遇、心心相印、命定缘分，宣扬人生中"罗曼蒂克"至高无上的重要性。

《青蛙王子》的童话故事中，"王子"落难变成了青蛙，然后又被爱情变回了"王子"。甜宠剧的结构也差不多："霸道总裁"遇险，情节不断地反转，他与"草根女性"坠入爱河。在这些故事中，"王子"

的眼里只有"我",而"我"如此平凡。你可能会说,这些都是戏,可是总有观众入戏太深。

为什么"甜宠剧"大行其道?因为对故事的需求引导生产。一些女性观众希望通过甜蜜的幻梦解压,于是她们持续呼唤着"简单爱"的故事模式。

为什么古代的许多故事中,富家小姐看上了穷书生?因为这些书多是由古代的穷书生写的,又是给其他穷书生读的。底层男性寒窗苦读,梦想着有朝一日衣锦还乡,迎娶"白富美"。如果现实中还做不到,就在幻想故事中满足自己。

在各个时代,被塑造的女性或男性角色都带着鲜明的文化印记,体现了人们对男女关系的某种幻想模式。小说家、编剧以及商人根据最平庸的惯例,重复生产关于女人和男人的俗套故事。我们无法忽略其背后的驱动力,这些读物或剧集始终还是有市场的。作为大众消费品,它们不需要多余的解释或铺垫。这也是"地摊文学"长盛不衰的原因之一。

>>>

在揭秘"爱情杀猪盘"骗局的纪录片《Tinder 诈骗王》(*The Tinder Swindler*,2022)中,一位受害者塞西莉有这样一段自述:"我认为生活就是爱。因为我最快乐的时光就是恋爱的时候。我对爱情的最初记忆是在迪士尼,我把《美女与野兽》的台词全背下来了。我就是很喜欢贝儿(电影主人公),她和我一样是个小镇女孩,追寻更大的意义。"

塞西莉被伪装成"钻石大亨"的骗子西蒙骗走了 25 万美元。她上当的前提，是她的心中从小就被"植入"了迪士尼爱情故事的模式。在动画电影《美女与野兽》中，主人公贝儿救了"野兽"，变回王子之后的"野兽"也让贝儿拥有了不一样的生活。

在知道骗局之后，被骗的塞西莉仍然无法调节自我，她说："即使知道了一切都是假的……我的手机里依然有这个童话故事，西蒙的名字备注后面还有一颗'心'，因为我无法移除它。"

>>>

"爱情杀猪盘"不断涌现，让人付钱的骗人故事屡屡得逞，这一切揭示了我们生活在一个普遍缺爱的世界中。我们需要大剂量的"感情化合物"维持心理状态的平衡。

在数字化的世界中，社交媒体更便捷，男人和女人的社交面更大，社交生活也更热闹，我们却更孤独了。媒体上的故事创造的情感期待与真实生活中获得的情感差距太大。

俗套的故事里，公主和王子过上了幸福的生活。这种故事太久远，也太深入人心，随时把男人和女人拖回"追求完美""缘定终生"的老调子中。

>>>

一些故事里的婚姻是"十全大补"的药。男人和女人结婚，等于解决了一切烦恼。一旦结婚，我们就不会再寂寞，取得了安全感，又有了稳定的伴侣，还可以生孩子……结婚一次性满足了陪伴、财富、

后代以及心理支持等各项人生需求。可是，哪儿有这种好事？在
"骨感"的现实中，我们在找伴侣、满足需求的同时，还要付出一定
的代价。

在热门影视剧里，命中注定的人忽然降临，时机恰到好处。而在现
实中，一些人选择伴侣就像在海滩上翻找漂亮的石头，拿起一块，
看一看，再往前走，继续找。他们又捡起一块，觉得这块似乎更好
一些，于是把手上原来拿的一块扔掉。两个人最后走到了一起，也
许只是因为天黑了不能继续找了，而彼此手上又碰巧剩下这一块
而已。

>>>

为什么我们如此相信浪漫的故事？因为故事中有明确的边界、开头
与结尾，以及热情。我们只要成为故事的一部分，就一定会为它辩
护。无论男人还是女人，都在不断地讲故事，为了创造自身的"协
调性"。我们在寻找一种合适的叙事方式，让自己的愿望得以安置。
于是，我们都幻想在既定的故事模式中，"注定的缘分"是存在的，
进而期待一种无须回报、无条件、源源不断的"简单爱"。

哪怕一切都是虚假的，上当的人仍然一意孤行，情愿骗局故事能持
续下去。对受骗者来说，比受骗更残忍的，也许是故事的终结。

>>>

洞察故事，让我们了解无论男人还是女人，都是被塑造的产物。我
们调整角色身份，让自己更像"故事里的人"，同时心有不甘，总
想着进行"角色升级"。

我们必须明白，性别议题的推动者或故事的讲述者，都有各自的意图，都希望推动一套理念，并自圆其说。很多编故事、传播故事的人，只是生产了一些方便贩卖的棒棒糖，还在糖里藏了伤人的刀片。

洞察故事中的角色，让我们不至于入戏太深，陷入疯狂。洞察故事的简化技巧让我们明白：太好的东西，总不会得来得那么简单。正如我们所谈论的，在千差万别的生活中，关于爱情或幸福的难题，从来没有"一揽子"的解决方案。

你的银行卡里存着 500 万元，
只不过忘了密码

05 / 4

>>>

设想一下，你站在路边，身无分文，想要搭车去某地。当你寻求帮助时，你可以在一张纸上写出你的诉求。

方案一："我要搭车去某地！"

方案二："请让我搭车吧，我要去给我 95 岁的奶奶过生日！"

前者的请求也许是真实的，可仅在陈述事实而已。后者讲了一个有人物、有感情的故事。每个人都有家庭，也都有奶奶，虽然奶奶不见得都 95 岁，但"看望奶奶"的诉求一下子就能触达人的内心，让路过的司机心头一热，更有可能帮你一把。

>>>

又比如，我们见过的大多数彩票站都贴着相似的宣传画，上面印着：
"购买福利彩票，利国利民"，或者"买小彩票，实现大梦想"。但
我发现有一个小彩票站门口的宣传画很特别："你的银行卡里存着
500 万元，只不过你忘了密码，试 1 次密码，只需要 2 元。"

这样的宣传画巧妙地讲了一个让人心动的故事。

招贴上言之凿凿地写着你已经有了 500 万元（这不是假设）。短短一
段话，就将一个遥远的可能性讲得如此贴近我们。

我们中的大部分人都有忘记密码的经历。我们的切身经历，让"试
密码"的建议显得更加靠谱、值得一试。

>>>

这就是故事的力量。故事将不起眼的信息重新整合，使其呈现有温
度的面貌，与潜在看客共情、共振，把他们拉到故事之中，而不是
让他们置身事外。无论"给奶奶过生日"还是"取 500 万元"，它
们不仅是故事，还跟自己有关。

听故事的人，不再纯粹依靠理性判断，而是启动了感性，将自己代
入故事。

>>>

"讲一个有人情味的故事"，用一个能与人共情的好故事提升沟通效

率，效果显而易见。因为"讲故事的冲动，一直是追求某种生命协调的愿望……叙事赋予我们一种最为切实可行的身份形式，即个性与共性的统一"。[①]

在我们生活的年代，许多文化、宗教之类的宏大叙事失效了，人的天然归属感变弱了，我们的心灵很容易处于混乱的状态。当代文化对叙事的渴求越来越强烈，人们想知道自己的感情和行动是否有意义。于是，我们只好通过看短视频、广告语、纪录片寻求身份认同，在故事里寻求连接、寻求共鸣。

>>>

想一想你还有印象的广告吧！好广告十有八九包含一个关于人的感性故事。

例如，某运动品牌邀请国际大牌明星代言。男明星或女明星面对镜头，并不宣扬自己的成功经验，而是细数他们曾经遭遇的坎坷，讲述自己如何克服困难，勇登巅峰。也有品牌反其道而行之，请普通人现身说法。有时候，普通人"讲自己的故事"效果可能更好。

比如某广告中，观众看到：从遥远的地平线上，由远及近地跑来一个很普通的人。这位跑步者大汗淋漓、速度缓慢、表情痛苦。他正拼尽全力向镜头的方向跑来。这个运动故事的主角不是职业运动员，也不是健壮的男人，而是姿态笨拙的普通人。

---

① 卡尼.故事离真实有多远 [M].王广州，译.桂林：广西师范大学出版社，2007.

这个故事的主旨是"每个人都有自己的伟大",意思是我们不需要跟别人比较,只需要比昨天的自己更好。今天多跑了 100 米,尽了力,对自己而言就很伟大了。

>>>

某矿泉水品牌的广告是一些成年人在街头照镜子,镜中的自己"返老还童",变成了两三岁的幼儿。于是一群成年男女对着幼年的可爱镜像,与幼年的自己"斗舞"。

贯穿这个"重返年轻"故事的主题就是"活出年轻"(Live Young)。变成小孩的成年人敢于冒险,可以胡闹;敢于发声,尽情表现。故事中人的"纯真"对应矿泉水水质的"纯"。这个故事的核心要素,也是大众向往的情感特质。

文明世界的种种礼仪规则、都市里人情淡漠的生活,限制了都市中许多成年人的情绪表达。在广告中的镜子里看到小时候的自己,这一幕引起了人们的无限感慨:"多么想返老还童啊!""活出年轻",回归健康又有活力的生活——矿泉水广告着力表现的情感内容,包含对当代人生活状态的深刻洞察。

>>>

我们可以看到,好的品牌故事背后都有平实却深刻的洞察。运动品牌广告中,我们不需要跟别人比较,"邻家的普通人"也可以拥有自己的伟大。矿泉水广告中,生活再复杂,我们都有机会返璞归真,回到自己喜欢的最初的样子。这些广告让我们的心为之一动。内心的改变,源于一个具体且有感染力的幻梦。

这些洞察并不宏大、宽泛，也从不抽象。故事中的人物是具体的，不是抽象的；他们的行动提供了情绪动力，唤起了观众心中的愿望与情感。

当衣食住行的基本需求得到满足时，人们就会寄情于全新的故事。除了提供功能价值，一个产品最好还要携带一个特别的故事。很多产品之所以会被人喜欢，是因为其中的感情价值大于功能价值。一个好故事，首先打动的是"人心"（感性），然后才是"人脑"（理性）。

>>>

那么，如何让故事先"入心"，唤起我们的感情呢？好的故事，一定是一个关于具体人的故事。

比如，可以设想一下，如果你收到两封募捐信，其中一封上写着："某地严重干旱导致食物短缺，有 500 多万名儿童正在忍饥挨饿。"

而另一封信是这样写的："来自津巴布韦的 7 岁小女孩伊莎多拉，极度贫困，正面临严重饥饿，随时可能饿死。你的帮助将改变她的生活。"随信附上小姑娘生活场景的照片。

"旱灾""500 万名儿童"，此类事实和数据让我们分析和思考，而带有细节的故事以及图像却扰动我们的感情，让我们设身处地为一个特定的女孩"伊莎多拉"着想。

>>>

又比如，某咖啡店讲述的故事主题是"地理即风味"。从埃塞俄比亚、肯尼亚，到苏门答腊、爪哇岛，除了介绍各地咖啡的风味，咖啡店还展示了种植咖啡豆的具体劳动者，让顾客看见从"可持续农产品计划"中获益的具体农户，而不仅是"全球咖啡社群中的100万人"这样的数字。

无论"我要去给我95岁的奶奶过生日"，还是"努力多跑100米的普通人"，都是具体人在具体情境中的故事。无论拍广告、短视频还是大片巨制，最后都需要落实到具体人的身上。

即便是《权力的游戏》《指环王》《黑客帝国》之类的大片，故事架构非常庞大、宏伟，其中的要素仍然需要打动人心，其中的角色需要具体、可信。故事中的角色具有真实性，意味着人都有优点和缺点。强大的角色也有弱点，快乐的角色也有忧郁的时刻。只有通过这样具体的角色，我们才能将自己的感性投射于故事之中，通过故事得到安慰，获得激励。

具体故事和抽象说理的差别巨人。特蕾莎修女有一个著名的表达："如果我看到的是人群，我绝不会行动；如果我看到的是个人，我就会行动。"

产品或品牌，甚至一个国家的故事，无论有多宏大，都要从一个小小的具体形象开始。

>>>

无论新闻、广告，还是游戏或短视频，它们传播的内核都是故事。如今，我们对世界的感受和判断，几乎都是通过媒体传播建立起来的。无所不在的媒体信息，几乎构成了我们赖以生存的故事环境本身。

在媒体讲述一切的年代，我们不知道吃进嘴里的大米是怎么长出来的，或者另一个城市的人是如何生活的。我们几乎只通过媒体了解世界。这可能造成一种滑稽的局面：我们喜爱媒体故事，以至于忘了何为"真实"。

我们看惯了卡通老虎或动物园里打瞌睡的老虎幼崽，只觉得老虎可爱，哪儿能想到真正的成年老虎还会吃人？我们看电视，总觉得大自然很亲切，可有人去野外想下车亲近动物，结果被狮子咬死了。

也许很多人都不知道，熊猫发起脾气也很厉害；可爱的企鹅张开嘴，嘴里长满吓人的倒刺。

我们知道的，到底是某个媒体上的故事，还是现实世界中的真实情况呢？我们知道的可能只是故事的一个版本，或者一个侧面。

>>>

广泛流传的故事往往是简单的，这也是我们偏爱故事而非真实生活的主要原因（生活太难，太复杂了）。伟大人物的形象、浪漫的情人，以及可爱的卡通动物身上，往往带有我们不切实际的愿景。这时候，我们更需要洞察讲故事的策略，辨别故事中的愉悦和浪漫到底有多少真实性。

值得一提的还有老板给画的"大饼"[①]。老板讲述的故事往往是这样的：公司的前景广阔，你将成为重要合伙人之一。擅长讲故事的老

---

① 画大饼，互联网流行用语，指做出不切实际的承诺，并用花言巧语使人相信并为之努力。

板还会为"大饼"故事添加各种"诱惑性"的细节，让我们置身其中，幻想今后住在怎样的豪宅里，开着怎样的豪车。

老板通过"画大饼"讲故事，只是为了少花点钱，让我们多干点活儿。

而我们喜欢这些场面，仅仅因为"这大饼感觉有点香"。让人感到舒适的故事就像吉祥的祝福。为什么我们认为登上人生巅峰的故事有可能成真？也许是因为我们更喜欢故事里的虚拟自我，甚至忘了真实生活中的我们将面对怎样的磨难和挑战。

可是，我们要过的是生活。生活和故事，毕竟还是有点差别的。

06 当局者迷，鱼儿不知道水。

全局的洞察

>>>

不同的文化、环境、场景，都是我们所处的"局"。
在不同的局面中，同一个事物呈现的样貌、意义也会不同。

俗话说得好："当局者迷。"
意思是：如果我们陷入局中，过于考虑具体的得失，看问题反而容易糊涂。

我的花衬衫上有个污渍，如果我贴近看，反而找不到污渍的所在。
有些东西近距离查找，反而看不见。
离远点，才能知道污渍与图案在整体之中的区别。
污渍要与图案对比，才有意义。

一个事物只有处在参照系统中，才得以展现。
一个人意识到自己在世界上所处的位置与环境，才能确定自己的相对位置。

我们在局中待了太久，需要抽出身来转转，移步换景，开拓新的视角。
这样，我们才有机会了解自己和世界的关系，
在更开阔的视域中获得新的洞察。

鱼儿知道水吗

>>>

你听过自己的声音吗?

记得第一次听到自己说话的录音时,我感到非常惊讶:这是我的声音吗?这么难听吗?这声音跟我平时听到的"自己的声音"完全不同。

后来我才意识到,我听惯了的"自己的声音",其实来自"内部"(通过头骨内部传递),而手机录制的声音来自"外部"(通过耳朵从外面听见),声音的传输能量衰减,从里面、外面听到的音色差异很大。

如果世界上没有录音技术,恐怕我永远不可能得知自己声音的真相吧。

>>>

跳出自己，我才有机会了解自己的真实情况。对于我们熟悉的环境，又何尝不是如此？

古人云："如入芝兰之室，久而不闻其香……如入鲍鱼之肆，久而不闻其臭。"① 这句话的意思是，我们在香喷喷的屋子里待久了，就闻不到香味；在臭咸鱼附近待久了，也闻不到臭味了。

我们在"内部"待久了，便"身在其中，无从察觉"。无论香臭，我们对此都不再敏感。

"屁股决定脑袋"其实就是位置影响了我们的想法和看法。一个人总待在一个地方，看事情的角度和眼界都会受到限制。我们所处的位置，塑造了我们的基本观念。

>>>

作为北方人，我第一次在南方过冬天，才发现暖气并非"天然存在"。在阴冷潮湿的南方冬天，我穿多少衣服也挡不住由内而外的刺骨寒冷，有了这样的切身体验，我才知道南方冬日的不同之处。去外国，我发现英国人下雨天不怎么打伞；美国人不怎么喝热水（不是茶就是咖啡），而且喜欢偏软的床垫；德国人拒绝接受"整只"烤乳猪（"整只乳猪"对他们来说是动物的尸体，而不是猪肉）。在一些地方，

---

① 摘自《孔子家语·六本》："与善人居，如入芝兰之室，久而不闻其香，即与之化矣。与不善人居，如入鲍鱼之肆，久而不闻其臭，亦与之化矣。"

你说喜欢 cricket，当地人会邀请你打一场板球；在另一些地方，当地人会端上一盘油炸蟋蟀。

这些令人惊奇的发现，都是脱离"熟悉的局面"之后，通过对照而产生的。身在其中，就只有内部的想法和看法。如果不出现强烈对比，思想就一直处在适应性的休眠状态中。如果把在冰水里浸泡过的双手立刻放进常温水，人们会感觉常温水是热的。不是新的环境有多么特别，而是反差和对比唤起了我们的感受之心。一旦挪一挪位置，就会有很多"惊讶"的发现。反差，揭示独特之处。

>>>

来自英国的记者波比·塞拜格－蒙提费欧里（Poppy Sebag - Montefiore）曾细腻描写她来中国不久时，一次令她印象深刻的"亲密接触"。

"一个 80 来岁的男人从我身后走过来，用双臂环住了我的腰。我转过身去，一开始感到受了冒犯，后来变得困惑。因为他甚至都没看我一眼，只是把脖子搭在我的肩上，望向演出的方向。他紧紧地抓着我，对他来说，这样做只是为了能在站着看表演的同时不摔倒。他像用自己身体的一部分一样借用了我的身体。"[①]

这位记者一开始感到愤怒，然后是困惑，后来感到振奋，甚至"欣喜若狂"。因为"一个老人可以用我的身体来帮助自己站着看演出"，这个行动让两个陌生人的身体边界消失了。

---

① 吴琦. 单读 26：全球真实故事集［M］. 上海：上海文艺出版社，2021.

她回忆在中国与他人"触碰"的经验："这种触碰使我既振奋又有些不适应。有时我觉得自己像弹力球一样，在不同人之间弹来弹去，跳来跳去，被城市中不同的手臂推着，拉着。"

>>>

在公共空间内，一些国家的人（也许老一代人更明显）经常贴在一起，几乎不分你我，而且对这种情况缺乏感知，他们习惯于人与人的界限不清。在另一些国家，人与人习惯保持一定的社交距离。大家可以愉快畅谈，但不会轻易谈别人的年龄和收入。在社交场面上很热络的两个人，其实只是关系很一般的朋友。找老师问问题不能夺门而入，需要提前预约。甚至回家看望自己的父母也要提前打招呼，约定时间。这些都是欧美文化中保持社交距离感的表现。

>>>

通过对比，我们可以将思考延展到社会文化领域，这种角度同样有助于我们理解不同人际关系模式的差异性：总的来说，我们对于身体挤在一起的容忍度较高，从身体到精神过分"不见外"。我们爱凑热闹，不介意挤在一起，于是，在传统的"熟人社会"中，我们弱化了自我权利，人与人之间的边界感模糊，集体主义的主张更有市场。当然，最近我们也可以观察到新的表征：年轻一代主张自我与他人的界限，为了与他人拉开距离，有人甚至给自己加上了"社恐"的标签。

>>>

我们所处的"文化"是一种"复杂的有机体"，长期生长在其中，就难以分辨其特征。

我们习以为常的事情对另一种文化来说可能就是"惊奇"。反过来也如此。（都不用说外国，我国的中老年人看青年们的"社恐"或"人际界限"的主张也会"莫名惊诧"。）

有人说："所谓旅游，就是离开自己待腻了的地方去看别人待腻了的地方。"

长期处于熟悉的时空中，我们会按照习惯应对一切事情，这样会缺少新发现，更别说洞察。只要我们离开熟悉的环境一段时间，比如，我们离开了家乡一段时间，再回去时，就会对家乡的风俗习惯更敏感，判断也会发生变化。

每次时隔一年回到东北老家，我都能更深刻地感受到东北人的"自来熟"，以及比其他地方更缺少社交距离的观念。我走在哈尔滨的街道上，常有陌生人过来搭讪。有人会拦住过路人问："你这衣服在哪儿买的？"在饭店里，新来的陌生顾客会四下打量其他客人吃的饭菜，还凑过去询问："这菜是什么，好吃吗？"在东北，多数人不觉得这样的言行不礼貌。一些东北人搬到南方居住后，很多当地人都不适应"东北风格"，甚至感到不舒服。

>>>

在我们的回忆中，远离的家乡会形成一张更完整的图画。如同风景画，只有在较远的地方观看才能把握景物和色彩的关系。贴近看画，虽然感觉逼真，但无法洞察画面所表述的总体意图。

贾樟柯有一段对家乡的距离感描述很准确：

"当我离开家乡足够长的时间，住在北京、巴黎或纽约，就会对这片土地有别样的认识，开始更好地理解家乡，理解人、社会、父母、同学的关系，理解家乡的贫困。如果说今天我可以夸耀我的家乡，那是因为我曾经离开。"①

>>>

所谓的"文化冲击"，就是从我们熟悉的环境进入陌生的环境引起的不适应感，甚至排斥感。但这种冲击也会让人兴奋并获得更多有意思的发现。

比如，我在前面提到的英国记者见识了中国人身体上的"亲密无间"。因为文化差异，她才感受到强烈的心理冲击。外来者的洞察，仿佛戳破了窗纸，也让我这样的中国读者眼前一亮。外国人写的中国场面和细节，如此熟悉，又那么陌生。我们生于斯，长于斯，却没有充分意识到这些现象的复杂意味。

>>>

身处局中的人，对周边没感觉，总觉得一切都理所应当。

"鱼看不见水"这件事，不仅与文化认知有关，还与自我的"认知惰性"有关。

---

① 付东. 贾樟柯的世界 [M]. 孔潜，译. 桂林：广西师范大学出版社，2021.

比如，让大学生谈自己，让上班族谈自己，得到的最多的答案是
"没什么可说的"。我们都是普通人，做着寻常事，似乎无话可说。
并非我们不愿说，而是我们真的认为，一切显而易见，而且乏味
至极。

如果想要获得突破性的洞察，我们首先需要意识到我们现有的处境，
跳到局面之外，试着将自己面临的问题"陌生化"。把一些看不见的
东西变成看得见的，"不可思议"变成"可思议"，将隐藏或不具体
的问题具体化，才有可能洞察并解决问题。

>>>

例如，我的学生觉得自己很了解"年轻人群体"，根本不用花力气
研究他们。然而，在学生以研究者的身份外出访谈后，他们才逐渐
发现他们自以为很了解的年轻人群体并不那么"简单易懂"，而是
充斥着他们不知道的事情 (known unknowns)[1]，他们开始从"知道自
己知道"的盲目自信中走出来，开始意识到：原来，关于我们自己，
有些事情我们不知道。

>>>

文化就是我们所处的环境。在里面待久了，顺从了规则，也就忘了

---

[1]　"知道 - 不知道"（known unknowns）这一表述框架，最早来自两位美国心理学家约瑟夫·勒
夫特和哈里·英格拉姆使用的"乔哈里窗"（Johari Window），最初用来描述自我以及与他人
关系中的认知状况。"乔哈里窗"包括四象限：公开区（自己知道，别人也知道）、盲目区（自
己不知道，别人知道）、隐秘区（自己知道，别人不知道）、未知区（自己和别人都不知道）。
意识到"自己不知道"，意味着"盲目区"不再"盲目"。

规则的存在。

"我知道"的潜台词是"我认为我知道",其实我不一定知道。"我知道"的合理性,与"我"的位置有关。我们总是从自己现在的角度、立场去看一切,判断一切。

如果不离开环境,我们总会以自己想当然的参照系统评判他人,或者在他人的视角下审视自己。一旦离开环境,我们就更容易对我们所处的环境、面临的问题、文化与习惯有更全面的理解。

对于一种文化的洞察,是从吃饭、起居、待人接物等日常体验的细节中获得的。对文化中的个体现象有所感受,会上升为一种洞察思考。"如果你想了解文化的意义,如果你想了解这种文化将什么视为重要的,是什么让它运作⋯⋯你就必须关注个别,而非整体。"[1]

从具体问题出发,通过反复多次、从里到外的切身对比,我们才会知道世界上有那么多文化观念、生活方式,各种现象之下的价值观存在着巨大的差异。

>>>

1968 年 12 月,宇宙飞船"阿波罗 8 号"飞往月球,实施登月计划。宇航员比尔·安德斯从空中拍摄了一张著名的照片 —— 蓝色的地球从灰色的月球地平线上升起。这张照片让人们首次看到了地球的全貌。后来,这位宇航员在一部纪录片中说:"我们努力探索月球,而

---

① 恩格尔克. 像人类学家一样思考 [M]. 陶安丽,译. 上海:上海文艺出版社,2021.

我们最重要的成就是发现了地球。"

人类第一次从外太空看到了地球的整体。在这个距离上，我们才建立了对于这个蓝色星球的总体觉知，真正理解了"四海一家"（We are the world）的意思，也更明白了人类的卑微与伟大之处。

>>>

当然，日常生活中，我们不见得经常惦记着理解全人类，却往往需要提醒自己：如果我是一只鱼，是不是仍然能看见水？我们总在说话，可是我们是否真正听见了自己的声音？

既然理解人或事都需要一定的时空距离，那就给自己一个机会，从自我的视角中跳脱出来。

我们需要离开，才有机会回头，见识人或事更完整的面貌。

好看的东西拿回家，
为什么不好看了

06 / 2

>>>

在网上购物时，常有顾客抱怨："我拿到的商品看起来跟图片上的不一样。"

一个物品或一件衣服被描述成红色，但拿到手里怎么看都是黄色的。但我们也要知道，这也许并非故意而为。任何色彩都不是固有的，物品一旦离开了原来的环境，在不同的环境下看起来也不一样。

一张照片的效果，取决于特定的光线、角度、构图等选择。同一个物品，可以被拍成千百种不同的照片。某一种商品被陈列在豪华橱窗中可以体现出"高级感"。在特定的灯光下，商品呈现华美的面貌，这种效果跟特定环境的搭配有关。现场看这种高级货，人们觉得真好看，下决心买下它。把它拿回家之后左看右看，总觉得不对劲，又不知道哪里出了问题。

>>>

我们谈论对事物的判断时，不能离开它们所处的情境或场景。物品摆放在哪里、如何摆放、周围的环境与之形成何种关系，将影响我们对物品的认知和判断。如果谈到销售，商品是什么、怎么样当然重要，但它们的特质也需要在具体的场景中得到呈现。离开了环境，就无法判断商品的竞争力大小。

例如，要想饮料卖得好，包装和海报设计当然要引人注目。但更重要的是，呈现效果并不单独存在，还需要相应的环境衬托，比如：商品摆放在什么位置上；与其他商品相比，它是否独特醒目。

每一位进入零售点的顾客，都处于具体的空间之中，他们的浏览时间不多，步履匆匆。商品摆放的位置不能过高或过低，最好与顾客的目光刚好平行。原因很简单：很少有人会弯腰找一个好东西，在不起眼的角落翻出某件商品也很难。

除了布置货架，商家还要争夺张贴海报的位置，反复测试产品摆放效果，鉴定商品包装是否在色彩及图案上具有很强的识别度，让商品能第一时间引起顾客注意，并让顾客对其产生兴趣，从而使商品与竞品拉开距离。

>>>

每个场景都设定了总体性与气氛性的基调。任何一种空间环境的

"境"都会影响我们的"心"。在洞察场景的时候，我们会发现空间的设置在提示并规划着人的行动。比如，门把手"要求"被转动；桌子"邀请"我们坐下来享用美食；醒目的指示牌明确"画出"了路线，我们会顺着它规划的路线一直走下去。

场景设定了规则。外来访问者进入一尘不染的房间时会格外小心，保持房间清洁。房间越干净，保持清洁的效果越好。我访问过一家私立学校，学校的图书馆采光充足，环境舒适。校长为我介绍了"场景规则"——好环境引导学生进入状态。他表示："如果学生都不愿意在图书馆坐下来，还谈什么学习？"

又比如，在墨西哥，一个小村落的管理者请来涂鸦艺术家，将200多间房屋刷成了五彩斑斓的彩虹屋，成功地降低了犯罪率，也唤起了当地居民对家乡的认同感，让他们更愿意留在这里生活。

心随境转，意思是环境设定了规则，调动了我们的情感和行为。

>>>

我们也必须意识到，在一些特定的情境下人的行动与选择，与其说是由我们的理性决定的，不如说是被周围情境引导的。我们以为自己很自由，我们的所思、所想、所感却都被环境"安排"了。因此，人们难以抵御情境的诱惑，最好的办法是尽可能远离不当诱惑，而不是试图挑战自我。

>>>

事实上，情境或场景一直是个中性的概念。值得关注的是人们对于环境的反应——人们非常喜欢进入系统性的舒适环境。由新芝加哥学派创立的"场景理论"认为，"场景"由众多舒适物及其相关场所构成。场景不仅是各种舒适物的组合，更是体验、意义和情感的载体。[①] 系统地规划商业场景的搭建，是"体验经济"的基础。

>>>

当我们访问宜家家居商场时，我们只能乘坐扶梯先到三楼走一圈。我们必须穿过厨房、客厅、书房、卧室等样板间，再下到二楼挑选灯具、厨具、花草、生活用品等具体商品。在三楼，精巧舒适的样板间展现了宜家的"全套"意图，提供的是一整套家居的设计方案。从空间设计规则上不难看出，宜家商场一直在鼓励顾客多停留一会，到处摸摸、看看，坐上沙发，甚至躺在床上。在适当的灯光、音乐环境中，顾客与物品充分互动，与空间建立更紧密的联系，也更有可能进行"计划外的消费"。

宜家商场想要通过环境设计告诉顾客：家是一整套设计方案。商场里销售的所有商品，不仅是单独的小物件，更是环境的产物。为了让自己的房间"像这里一样布置得那么好看"，我们需要采购更多配套产品并相互搭配，完成自己家的特色场景搭建。

>>>

另一个成功案例来自苹果体验商店。

---

① 旅游学刊.深度解读 | 国民舒适物 [EB/OL] . (2021-05-04) 〔2023-01-14〕.

位于很多城市的苹果体验店通体透明，宽敞明亮，就是为了鼓励人们走进去，随意看看，拿起最新产品体验一会。顾客可以不带有购买目的地与工作人员进行交流。苹果体验店的价值不仅是销售更多商品，店铺运营者的首要目标是营造友好的氛围，吸引更多市民进入，让每一家零售店都成为具有"城市广场"风格的"社区中心"，让市民与苹果设备进行交互，并在这里度过一段愉快的时光。

高级商场的奢侈品店，普通人不愿意进，也"不敢"进。与此形成对比的苹果体验店，却是大家都愿意来逛一逛的公共场所。最新的电子产品，不能仅让人隔着橱窗看。通过场景设计，苹果体验店建立了一种贴近日常生活的价值场域。我们从中看到了"新零售""新消费"普遍实施的场景策略：通过空间和关系的设计，整合线上、线下资源，建立更多场景，让顾客在其中停留并获得感受，为产品重新赋予情感化的价值和意义。

比起一切以产品为先的旧逻辑，新零售与消费的逻辑是"先有场景，再有产品"。"新消费"用一种设计美学构建系统化的场景，进而为顾客呈现全新生活方式的系统性提示，推动我们熟悉的产品进行再升级。

例如，当我们走进茑屋书店，就会发现它不仅是书店，更是复合式的生活文化空间，在这里可以感受到艺术和生活之美。茑屋书店不仅传播文化，也为顾客提出"如何生活"的全方位建议。

对于"生活提案"，茑屋书店的创始人增田宗昭的解释是"展现充满活力的生活印象"。具体来说，茑屋书店的"生活提案"以图书为基础，将它们与不同物品进行组合，让一本书或几本书连接其他商品，形成一种生活方式的提示。例如，销售美食的书籍旁边陈列了成套的高级炊具、酒具、红酒等。

在这种场景中，物与物的关系、物与人的关系都超越了单独的商品本身，而书店场景至少提供了以下两种额外价值。第一种，审美的价值。我愿意在这里，这里让我感到舒适。我可以在这里消磨时间，或进行社交。第二种，意义的价值。我感受到的不仅是美，这些物品和环境对我的物质和精神生活都做出了贡献。

思想家哈贝马斯分析城市咖啡馆时也有类似的观点。咖啡馆不仅是提供咖啡和食物的场所，市民还会为了对话而到咖啡馆聚会。于是咖啡馆通过场景规则创造了文化意义，人们从吃饱到吃好，再到吃得健康，现在要吃得有趣、有意义。在对新消费的洞察中，无论经营饭店还是书店、咖啡馆，经营者都发生了理念上的转变，用创新性场景提供新的趣味和意义。

>>>

洞察环境意味着我们需要关注情境与人的关系。任何人造场景都包含一定的引导性规则，而特定的场景也生成了一种特定的行为文化。

行为主义心理学家斯金纳在《超越自由与尊严》一书中提示："一切控制都是由环境施加的，因此，我们接下来要做的是设计更好的环境，而不是更好的人。"①

虽然这种"环境决定论"的说法有些武断，却也提示我们：环境规

---

① 斯金纳. 超越自由与尊严 [M]. 方红，译. 北京：中国人民大学出版社，2018.

则塑造了我们的行为机制。

我们引以为豪的自由选择，往往受制于环境规则。我们有可能在自以为自主、自愿的情况下，被环境"安排"了。

主妇为什么绝望

>>>

有一次我跟医生朋友聊起，为什么一些不抽烟的女性也患上了肺癌。医生告诉我，厨房油烟是主要诱因之一。当食用油加热到150℃时，甘油就会产生以丙烯醛为主的油烟；如果达到280℃左右，所产生的的油雾凝聚物更是导致细胞癌变的重要因素，高温油烟包含大量有害化学物质，长此以往炒菜者患肺癌的可能性就会增加。

炒菜时打开抽油烟机，用最大风力排烟，能减少有害物质的吸入。可是，为什么一些主妇不开抽油烟机呢？

有人解释："主妇炒菜习惯了油烟，觉得这点烟没什么。"如果进一步了解，我们会发现：一些人仍然在意"那点"电费，为了省钱而少开抽油烟机。而还有一个理由让人难以预料：主妇炒菜的同时，有可能在照顾年幼的孩子。

如果打开抽油烟机，声音太大，炒菜的主妇就难以听清屋里孩子的声音，而她们必须时刻了解孩子的动态。主妇在厨房炒菜的同时惦记着屋里孩子的一举一动——如果仅仅盯着主妇在厨房的任务，而不了解她们的全局生活，就无法对她们的处境做出准确的判断。

>>>

每个人的生活，都由不同的场景和多重任务组成。这些场景和任务都是叠加存在的。主妇炒菜的时候惦记着孩子，陪孩子玩耍时可能在安排工作日程。我在谈论一些朋友的时候经常感慨："当主妇不容易，简直让人绝望。"

>>>

主妇为什么绝望？就像谈论"抽油烟机难题"一样，洞察主妇，需要将她们放在具体环境中去理解她们。她们的生活并非抽象的概念，而是由工作、家务、育儿、社交等多种场景交织组成的。她们的愤怒和无助感，也来自生活的全局。我们想理解她们的行为和情感，就不能仅盯着最明显的表面原因。

年轻主妇面临职业上的挑战，育儿也让她们不堪重负。事实上，只有少数人能同时扮演好多个角色。"处理好"复杂局面，有时候并非只出于一个女人的能力或努力，还有运气好：家人健康、孩子懂事、有通情达理的家中老人帮忙、存款充裕、可以请外援帮忙。即便如此，需要主妇操心的地方还是不少。

育儿被当作"女性的天职"。所谓"天职"，意味着做好了这些事情是应该的，而出了问题就是"罪恶的"。在儿童教育方面，女性面临的经常是一项孤独的任务。很多人吐槽的"丧偶式"育儿就意味着父亲在孩子的成长过程中经常缺席。有个母亲这样解释："孩子的爸爸忽然出现，有兴趣的时候就逗孩子玩一会，之后又消失了。"

>>>

如果辞职回家，成为全职主妇，也不意味着女人可以享受轻松的生活。一种生活形态一旦被当作"轻松"，就很难真正地轻松。周围的亲戚朋友有可能假定全职主妇过着一种"养尊处优"的优渥生活。实际上，她们要付出更多，却被当成理所当然。

"女性在家庭中的实际工作被隐藏在她们作为人妻和人母的性别假定面纱之后……就仿佛女性在家庭中的无薪劳动根本不算工作一样。"[①]主妇面对的家庭日常事务繁多，但它们缺乏挑战性，完成之后也很难获得成就感。做家务、带孩子有什么难的？在家待着能创造什么价值？这样的追问，无论来自外界还是自己，都困扰着主妇的内心。"低价值感"的评价，会内化成一种自我怀疑。自责和内疚会一起出现："没能做一个足够好的妈妈，也没有平衡好自己的生活。"

>>>

另外，主妇的自我认知发生了变化。

越来越多的女性拥有了独立生活的经济能力，受教育程度高且头脑清醒，不再对男性言听计从，不再认为一切为家庭的付出都是理所

---

① 奥克利.看不见的女人：家庭事务社会学 [M].汪丽，译.南京：南京大学出版社，2020.

应当的。在访谈中我们了解到，30 多岁的女性都有相似的表达："希望拥有属于自己的时间和空间。"

可是，在真实的周末，她们仍然需要优先应付一周积累下来的家务，外出采购生活物资，陪伴孩子，照顾老人以及处理不可预计的琐事。如果因为各种原因孩子无法上学，那就会让本就复杂的生活更忙乱。

>>>

主妇为何绝望？因为她们面临压力。内疚、羞耻、委屈、焦虑、恐惧的感受总是一起涌现。而且她们意识到了，生活不该如此，却不知从何处开始改变。

"心灵鸡汤"失效的主要原因是缺乏对人们的全局处境的洞察。女性遭遇家庭与社会的不理解，以及职场上的不平等，无法平衡时间和精力。在这样的局面下，她们不可能靠"加油"的鼓励来解决问题。女性的结构性困境需要得到全局化的理解，而不是只一味地鼓励她们"勇敢面对"。

>>>

在家庭中，需要"结构性"洞察的不仅是主妇。每个人的情绪或动作都依托于许多背景因素。我们都要面对不同的场景和任务，而这些任务往往与我们的想法有所冲突。现代生活让我们不断产生期待，却难以达成期待。比如，我们总在幻想：我家的生活可以变得更好，我要赚更多钱，解决更多问题。可是往往事与愿违。

男人也一样。男人表现得果断与强硬，却往往外强中干。他们试图扮演更厉害的角色，可架不住危机四伏。他们经常提醒自己不迁怒，可是往往越压抑情绪，越显得不正常。耐心不足、脾气很差，也许只是由于他们对自己无能为力。

男人和女人都不容易，生活在一起还要经常演出"都是为了你好"的苦情戏，可是双方都不见得买账。双方忍辱负重，缺乏适当的表达，又憋了一肚子委屈。在有机会改变的时候，双方都没有做出改变，以至于矛盾积重难返，双方关系恶化。夫妻二人在面对家庭冲突时，都会感到十分无辜："凭什么我要受你的气？"可是，如果双方的对话继续这样下去，接下来就是："我还烦着呢……我忍你很久了。"

>>>

下班时间，如果去地下车库看看，你会发现很多人坐在汽车里玩手机，不上楼回家。为什么男人、女人都坐在车里拖延，不上楼回家？

"我们家挺好的，但我还是喜欢坐在车里待一会。"朋友告诉我他的想法，"那是我一天里最自由的半小时，也是最享受的半小时……留给自己一点时间，不想被任何人占领。"

这个场面体现了当代家庭生活的无奈与孤独。我们不上楼回家，不见得有具体原因，甚至不是因为不满。说起来生活中的问题，很多都是无解的。

>>>

当代人要面对的是一种整体的困境。我们的工作不见得提供成就感，往往竞争激烈、人际关系复杂、经济收益朝不保夕。家庭并非我们所预想的那样，是个毫无保留地呵护我们的"安乐窝"。如果我们完全释放情绪，对家里人来说也是一种负担。于是我们隐忍不发，才有了难以解释的"一声叹息"。

>>>

人不可能活在真空中。我们在评价他人的时候，往往忽略了人们处境的复杂性。

男人、女人，都需要适应生活处境的变化。我们需要搞明白他人的处境，同时也试着将自己情绪背后的问题描述出来。

有人提议：重要的是不要"龟缩起来"，就算感到有些羞耻，也要把心打开，向他人求助。接受自己的脆弱，向他人诉说心声，甚至说句"请帮帮我"。这是个有效的建议。自我封闭会导致我们深陷各自的困局，双方越来越难以沟通，时间一长，甚至不知道问题该"从何讲起"。

洞察全局意味着我们（无论男人还是女人）都站在更宽阔的平台上，相互把握对方生活的全景。虽然我们面临的难题不见得总有答案，可是领会各自所处局面的复杂性，总会让彼此多一些耐心与理解，从而相互支撑。

哪儿有那么多便宜可占

06 / 4

>>>

前些年，我和朋友一起去游览南方某著名寺庙，庙里香火旺盛，大家都在为各自的愿望祈祷。我们在院子里聊天，朋友问我为什么不祈愿。

我说："我不想祈求什么。准确地说，因为我没想好愿意付出什么代价。毕竟，这世界上，没有什么事是只得到而不失去的。"

过了一会，我反问他："如果你迫切地想要得到什么，你愿意为此付出什么代价呢？"

朋友很诧异地看着我。

我解释说："如果你的愿望是发财。你愿意付出什么代价？比如，为了发财，晚上总睡不着觉怎么样？增重 10 千克如何？你能接受吗？或者发了大财，代价是嘴巴永远尝不出味道呢？"

他觉得我的假设过于夸张，可是"发财"这件事不会孤立地发生。我们追求某个结果，总要拿一些东西去换。有人说，我们前半生是在用健康换钱，而后半生又在用钱换健康。虽然"交换"没这么简单，可是每个人总归要有所付出。

而我们祈求的总是"好的都归我，坏的不要来"。这个我要，那个我也要。需要很多，却很少想代价。

比如，很多人浪漫小说、电影看多了，就特别期待一段轰轰烈烈的爱。但烈火一般燃烧的爱，不是你想要就能有的。再说，如果热烈的爱火真的烧起来，你也不见得受得了。

如果遇到一个人，对你有那么强烈的爱，爱到恨不得把你吞下去，那个爱就是难以捉摸的。爱的结局怎样，也不受你控制。

>>>

又比如，人人都喜欢水果又大又好看，价格低量又足。水果又好又便宜，这可信吗？快速养殖的鸡和鸭，价格低，但营养和味道不会好。一种树如果长得太快，也会有相应的品质上的损失。木质硬的树大多生长缓慢；软木长得快，但容易裂，不耐火。桉树生长周期非常短，经济效益也高，可是桉树吸光了周围的地下水，导致泥土水分含量下降，土地沙化。桉树有"霸王树"的称号，能在短时间内将肥沃的土地变成没营养的贫瘠之地。

快速得来的，都难以持久。快速喜欢上的事情，对其热情也很快会退去。很容易学会的，也更容易忘记。

一些书难读懂，书中的每一段话需要反复看几遍，琢磨半天才懂得意思。可是一旦读懂了，就真的有所收获，受益更久。人们都在追求快速掌握，但快速掌握的，都不够深刻。人们说知识要变成顺口溜，但顺口溜无法包含深入的内容。在学习过程中，只有当我们遭遇问题，感到不理解，学习变得艰难时，我们才有可能触及真正深刻的部分。

>>>

"不可兼得"体现了这个世界的平衡属性。通俗地说，没法白占便宜。看起来完美的状态，都有需要权衡的另一面。

比如，我们羡慕自由自在。一个人看起来挺自由的，但也要面对相应的挑战。自由职业者看起来白由，但通常需要不停地工作，而且接活不能挑三拣四，还要追着甲方的屁股要账。

单身的人更自由吗？单身的人需要应对无数孤独时刻。这些寂寞的时刻并不是自己可以选择的。可能在一个人最需要陪伴的时候，他才意识到拥有亲密关系的重要性。一个人看起来自由，也有可能陷入另一种困局。

>>>

发财似乎是个不错的追求。我们为了吃上饭去赚点钱，虽然不太乐意，但"为了钱""为了讨生活"也不失为好的借口。对很多人来说，上班是个负担，但上班也让他们睡醒了之后有个地方可去，有事情可做。有钱的人，获得了财富自由，但他们要直面生活意义的问题。

如果为了温饱奔忙，我们就很少去担心缺乏人生意义的问题。当有了钱，没有被迫做什么事的压力时，无意义感会成为一种真正的挑战。当"没意思"成了无法逃避的烦恼时，无聊不见得比焦虑更好受。因此，叔本华才会这样总结生活的困境："人生就像钟摆，在焦虑与无聊之间摇摆。"

>>>

洞察"没有万全策"的局面，明白"萝卜快了不洗泥"的情况，有助于我们审时度势，不故意忽略"代价"。

任何商品、项目或人，都是由"价格""速度""质量"组成的三角形。花钱少、速度快的产品或项目质量不行；质量好、速度快的价格会高。时间（效率）、成本和质量，这三个最多能做到两个。这种三角形的矛盾状态，被称为"三元悖论"①。

>>>

如果企业聘用一个员工，不可能让员工同时满足三个条件：工作能力强（质量）、特别能加班（时间）、工资低（成本）。

---

① 三元悖论（Mundellian Trilemma），又称"三难选择"（Impossible Trinity）或"蒙代尔三角形"。在国际金融学中，该原则指一个国家不可能同时完成以下三者：资本自由进出、固定汇率、独立自主的货币政策，最多只能同时满足两个目标，而放弃另一个目标。

如果我们选购房子，对房子提要求时不可能三者兼顾：环境好（质量）、配套好（时间）、价格低（成本）。

一份投资不可能全能：资金流动性好、回报高、安全性好。

产品的一种优势也意味着一种妥协。便携电脑一定程度上牺牲了运算性能以及散热能力。手机轻一点可能就不太耐摔。

>>>

我们可以多想一步，哪儿有那么多便宜可占？所有选择都处在关系的框架下，各种要素相互牵扯。

我们谈论代价就会随时洞察到，看起来完美的可能都是"陷阱"。

很多时候，一种"完美"的组合看起来越好，就越不可信。如果一个人看起来"完美"，他就可能有你不知道的毛病。

为了得到好处，占到便宜，我们会付出额外的代价。

比如，我们看的免费内容，看似"免费"，其实是用注意力资源，甚至数据交换的。我们留下的数据痕迹，或者出让的电子设备权限，让我们的个人信息也变成了商品的一部分。

为什么很多用户选择了付费服务？因为付费之后，用户就可以要求相应的隐私保护服务，而不是忍受隐形的"数据隐私剥削"。

>>>

这种规律同样适用于规则的制定。任何规则都不可能十全十美。我们必须学会权衡，把握一种"维持运行"的平衡尺度。

例如，如果交通规则宽松，就有可能造成一些交通事故。交通规则有没有可能更严格呢？有可能，但代价是很多人没办法开车上路。世界上存在各种风险。爬山可能从山崖摔落，或者遭遇雪崩。在海里游泳可能遇到鲨鱼，在河里游泳可能陷入旋涡。可是，我们也不可能完全禁止有风险的事情，只需要明确提示风险的存在。

没有任何事情绝无风险。绝无风险也会衍生出别的代价。因此，提出任何主张时，都需要洞察平衡，明白我们可以付出的最大与最小代价。

我们洞察了代价，也就能更好地评估选择。当我们站在岔路口，犹豫往左还是往右时，我们感到迷茫的本质是什么呢？其实是哪边都舍不得。

想要兼顾，说白了还是贪心。我们全都想要。

>>>

比如选伴侣。我看见一位"候选人"很勤快、很会照顾人、会做饭，但不懂我的喜好。另一位很懂我，爱好也相似，但没办法一起生活。两个人的优点要是能结合就好了。

再比如选工作。一种工作稳定、钱少、无聊。另一种工作有挑战性，但是需要付出努力，也要为超出预期的成功承担较大的风险。两份工作的优点能结合吗？

你想成名吗？成名了挺好的，你说话有人认真聆听，有人给你鼓掌，你特别有存在感。但成名也有代价。如果你不小心说错了话，公众会批判你；甚至犯了一个小错误，你就会陷入舆论的旋涡。

>>>

天下没有免费的午餐。这句话的意思是任何事情都有代价，只不过有的代价我们视而不见。

多种好处不可能完全重叠。如果我们只谈愿望，而不谈代价，那就是痴心妄想。

追求一种好处之前，我们要考虑哪些后果可能是我们不愿承受的。如果要我们舍弃一个或两个好处，我们会怎么选择？

什么都想要？那只是缺乏洞察的痴心妄想。

07 规则决定游戏方式。

规则的洞察

>>>

为什么同一个笑话换个场合讲就不好笑了？
为什么跟胃口好的人一起吃饭，我们的食欲也会有所增加？
为什么我干了不少活，却没有升职加薪？
为什么人们宁可买咖啡和蛋糕，也不肯花钱买书？

这些问题的答案都跟规则有关。

规则是人和事的运行规律。
有些规则是明确写出来的，而更多的规则并无明文规定，是潜在的。
规则规定了比赛的进行方式：我们跟谁比、怎么比、什么是取胜、什么是犯
规、什么行动更有效、什么行为被鼓励等。

规则也决定了评价标准。
笑话好不好笑？
一个人的工作成效如何？
如何评价消费品、艺术品？

规则是我们衡量、判断的标准，与不同场景有关。

洞察规则，我们才有可能明白生活与工作的规律，避免让自己格格不入。
如果我们能识别规则中的机会，就有可能获得更大的价值。

笑话为什么冷场了

>>>

最近几年脱口秀表演在各地流行。什么才是好的脱口秀表演？曾有喜剧演员跟我分享演出体会：要想获得更好的演出效果，需要理解线上、线下的规则差异巨大。

在小剧场的"线下"表演中，脱口秀演员与现场观众近距离交流，可以即兴发挥，与观众充分互动。小剧场气氛温馨融洽，观众情绪更容易被调动。观众买票进剧场，就是来"找笑"的。在小场地之中，人们的笑更容易"传染"。如果我们碰巧跟一群"笑点低"的观众在一起看演出，就更容易被他们的笑声感染，大家一起笑成一团。

相比之下，互联网平台上的"线上"脱口秀节目难度更大。观众通过屏幕观看演员讲笑话，因为置身情境之外，所以情绪难以被感染，更容易冷眼旁观。因此，我们看节目视频可能不觉得有多好笑，而录制现场的观众却哄堂大笑。也许现场的笑声并非节目组刻意安排，只是"笑的规则"使然。

在小剧场中，演员可以用轻松的互动以及本地化的话题缓慢暖场。而网络节目的笑话需要兼顾来自五湖四海的观众，话题需要更明确、直接，不绕弯子，笑点最好一个接一个，效果要"炸裂"。

我们看到，场景不同、观看方式不同、互动方式不同，观众的"发笑规则"差异巨大。

换个场合，换另一拨听众，本来好笑的笑话就忽然不灵了。听众的"笑点"不同、讲话的时机不同、讲话的节奏不同，笑话的效果也会不同。由此可见，评价笑话的效果从来没有绝对意义上的标准，要看笑话与场景、媒介的匹配程度。

>>>

莫伊拉·史密斯提出，笑话是讲笑话的人邀请听者进入的一种"幽默的话语模式"（humorous discourse）①。在幽默的话语模式中，一个人讲笑话，另一个人笑了，就代表接受了"邀约"。双方遵从同一种交流规则，并据此建立了幽默的对话。

---

① SMITH M. Humor, Unlaughter, and Boundary Maintenance [J] . Journal of American Folklore, 2009, 122 (484)：152-155.

老板讲了个笑话，办公室里所有人都大笑，只有一位女士不笑。老板问："怎么了？一点幽默感都没有了？"女士答："我不用笑啊！我过两天就离职了。"

老板的笑话不好笑吗？也许有点好笑，但这位女士拒绝接受"幽默的邀约"。

其他员工配合老板的谈兴，想表示友好。女士坚持不笑，也许她更希望老板遭遇冷场，甚至当众出丑。

>>>

幽默规则的前提在于接受"幽默的规则"，即参加交流的人不求事实（或者说，不首要追究事实），仅享受滑稽效果，在语言的矛盾中找乐子，而不是跳出来冷眼审视。

在侯宝林的著名相声里，一个醉鬼想要顺着手电筒的光柱爬上去。如果听众质疑故事的真实性，提问"哪儿有这种事"，接下来相声就没法演了。如果有人问："你讲的符合事实吗？"这个笑话也就不存在了。

幽默规则需要双方都接受。笑话无法被拆解，更不能被追问。如果我们反思事实，一本正经地反思问题、挑毛病，就跳出了幽默规则。

>>>

笑话的效果，还取决于笑话的背景。为了避免笑不出来的尴尬，我们最好能了解"笑"的背景信息。

比如，每次我复述周星驰电影的滑稽段落，只要我提到开头，就有人跟着我笑。他们会笑，并非因为我的描述有多有趣，只是因为台词作为线索引发了他们的联想，勾起了他们的快乐记忆。

在讲笑话的场合，讲者和听者需要达成"讲笑话"的默契或基本的共识。如果一部分人不熟悉讲者分享的笑话的信息背景，就只能尴尬地看着他。

>>>

讲课时，我也常用一些讲笑话的技巧，效果不错。可是，我心里有数。大家是来听课的，不是冲着笑话来的。同学们对我的笑话很宽容，毕竟我们在上课，同学们并不会期待笑话如何好笑。

如果观众花了钱、花了时间，特意来观看专业表演，那么评价标准就会不一样，结果也随之改变。职业喜剧表演者必须让观众发笑，否则他们的存在就没有意义。在开场前介绍：即将登场的这一位是幽默大师。这样的预告就进一步调高了域值。"千呼万唤始出来"的隆重预告，让观众十分期待。对好笑的期待，也意味着更高的"逗乐"难度。

期待喜剧表演特别好笑，往往会让人产生失落感。不知名的演员登台，人们的期望值不高，演出效果往往更好。又好比外国人讲中文笑话，即使讲得有点蹩脚，大家也觉得好，因为我们对说中文的外国人更宽容。

我们的观看期待隐含着评价标准。标准苛刻，就难以满足；标准灵活，就更容易超越期待。

我们可以明白规则设定的关键：参与者期待越高，期待越明确，就越难以满足。

>>>

我们谈论的洞察期待，不仅可以用在评价笑话上，在更广泛的艺术与文化领域，它也同样适用。

如果观众对一部获奖影片的期待值太高，观看之后觉得效果没有达到预期，就更有可能给出负面评价。如果出版商对一本新书的宣传过于夸张，让平时不太读书的人或非目标读者也参与了购买和评价，这本书的评分可能更低一些。

"期待视野"（horizon of expectation），指的是艺术欣赏者在进入接受过程前，根据自身的审美经验、趣味等，对于文学艺术对象的预先估计与期盼。换句话说，我们在听到、看到一部作品之前，内心对结果有个预期。

观赏期待与结果的反差，会制造认知的冲突，让观众无法感到"舒适"，而是感到无所适从、莫名其妙。不过，这种显著的反差也有可能为观众留下更深刻的印象。

>>>

1917 年，艺术家杜尚要求把一个小便池作为艺术品放进艺术展厅。这样的行为让大家很惊诧，这件事也成为艺术史上的重要事件。

一个小便池本身不会让人惊奇。惊奇来自要求把小便池放进展览厅，这类行为在杜尚之前很少有。小便池这种东西放在厕所最适当，如果扔在路边，就会被人当成垃圾。

将"不属于这里"的小便池放进艺术展览馆，之所以听起来荒谬，是因为这一行动扰乱了参观者对艺术的观赏期待。合乎标准的展品，不会让人疑惑。与环境格格不入的展品，对"艺术规则"发起了沉默的"挑衅"，带来了意义的反差与冲突，如此激起了人们关于"什么是艺术"的思考。

>>>

"艺术展览馆里的小便池"启迪了一大批当代艺术的创作者，提供了一条新的创作路径：不改变事物本身，而是改变物品或符号所处的地点，就能创造全新的意义。美国艺术家安迪·沃霍尔将当年随处可见的金宝汤罐头、可乐瓶、玛丽莲·梦露的照片等流行图像重新复制加工，放进美术馆，也延续了杜尚的"挪用"方法。

谁说美术馆只能摆放神圣、完美的展品呢？任何被"挪用"的物品，都会被环境信息和空间规则影响。艺术家为人们熟悉的"现成品"换了一个场景，也就换了一种规则。把物品放在不熟悉的位置上，就能创造一种戏剧性的冲突。饮料瓶这样的日常消费符号，也能变成艺术领域的反思对象。

>>>

物品的意义冲突，也出现在跨文化传播中。

比如，国外的网店销售中国痰盂，宣传图片上是印着鸳鸯、喜字图案的红色经典款式。痰盂样品被摆在餐桌上，装着红酒、水果、面包等。

中国人看了摆上桌的痰盂都感到滑稽。我们甚至联想到了难闻的气味，感到恶心。但转念一想，恶心、滑稽之类的感受从何而来呢？

文化语境为我们定义了一个物品或一种形象。在特定的文化背景下，我们认知的积累形成了审美惯例。一种东西被挪到了另一个位置上，经过文化和时间的双重跨越后，其本质就发生了变化。

我看到一张网友发布的图片，在意大利超市中，有个牌子，上面写着："尊敬的顾客，请您不要再敲西瓜了，它们是真的不会回应的！"

我们在市场敲西瓜，十分常见。可是在意大利，敲西瓜就像个行为艺术，意大利人以为敲西瓜是在跟西瓜进行交流。

>>>

回到之前谈论的关于笑话的话题。有人说，开玩笑要分场合，不然会引起尴尬。自以为聪明的笑话，其他人也许不以为意，甚至感到厌恶。同样的道理，做艺术也讲究场合，而场合也是规则。

严肃的事情，换个场景，就是个笑话。一块砖、一把椅子，这些日常物品被放在聚光灯下，放置在展台上，意义也会有所不同。

如果我们按部就班，照顾场合，顺应规则，大家都感到舒服。如果我们出人意料，打破规则，制造冲突，就是对规则进行"挑衅"。观众可能"搞不懂"这是在干什么，无法信服。强烈的"冲击"效果，有可能引起观众的"恶感"，也有可能创造令人难忘的记忆点。

你了解涨工资的规则吗

07 / 2

>>>

初入职场的年轻人时常抱怨。他们说："我为什么要干那么多活？"

"我没挣多少钱，也没多高的追求，做完这些事就差不多了吧！在公司忙里偷闲，我就是占到便宜了。"

问题是，过了一两年时间，新职员不再是新人时，他们的抱怨不会减少。他们跟公司的问题还是没有得到解决，不理解公司的评价标准，不清楚职业的价值何在，这样下去只会让人更郁闷。

无论从事怎样的工作，我们都要洞察公司和职业的规则，并在其中找到自己的最佳位置。随着时间的推移，通过行动逐渐拓展自己的上升空间，而不是"越走路越窄"。

>>>

我的第一份工作是在广告公司写文案。刚入职的时候，我的看法是：只要稿子按时完成，质量过得去，总监交代的活儿完成了，就万事大吉。

经过一番折腾，我才明白，我的工作目标不是让部门总监满意，也不是让老板满意，而是让客户满意。再后来，我知道客户满意也不是最终目标，最终目标是让客户的客户——我所服务品牌的消费者满意。

我需要帮助客户解决他们的市场和用户问题。这件事情很难糊弄，自我欣赏也是没用的。我的创意不仅要"用得上"，还需要在市场上起到实际作用。

我学着站在客户的立场理解市场状况，寻找他们听得懂的沟通方式，让他们认同我的创意。只有我们共同解决了实际问题，客户的生意越做越好，公司的生意才做得下去。只有客户相信我们是"一伙"的，我的价值才能真正地体现出来。

这是我了解到的专业咨询或服务公司的基本规则。对专业人士的职场评价指标可以总结为一句话："解决客户问题的综合能力。"如果一个人能更聪明地锁定客户问题并解决问题，就可以得到晋升，并获得更广阔的职业选择空间。

>>>

世界上的企业类型众多，规则也并非只有一种。有些企业体量庞大、层级复杂，其规则就是更看重员工的"态度"，而不是工作效果。有的上司喜欢下属"无事忙"，只有晚下班的员工才会被认为工作态度好、积极肯干。有的上司注重"社交能力"，八面玲珑、会拍马屁、擅长见风使舵、会察言观色……这样的员工可能如鱼得水。

选工作，就是在选规则。如果意识到当前的工作规则我们无法适应，也不愿迁就，就必须提早打算，换一份更合适的工作。要么趁早选个规则更适合自己的环境，要么尽早认清形势，充分利用规则，主动出击。

>>>

如何了解规则呢？

我们可以观察一下，公司或单位里哪些人得到了晋升；哪些人没有变动；哪些人干不下去，被迫离职。一般来说，公司的裁员标准都很诚实。比如，一些大企业在裁员时，会先裁掉"工资较高，同时可替代性更强的"。

"可替代性"容易理解，但在不同的组织中，"可替代性"的内容并不一样。在一些企业中，它指的是业务能力。如果你从事销售工作，不可替代的就是你所掌控的客户网络。但在另一些企业中，"会做人"

也可能是一种"不可替代性"。

有学生问我，毕业之后，有几个机会摆在眼前，要如何选择呢？我回答：这还真要看你自己。选企业，就是选行业、选规则，也是选择自己的发展方式。

机关、学校、外企、互联网大企业，或初创小公司……它们的环境不同，规则不同，价值判定方式也不一样。

大企业及看似安稳的组织，不是人人都待得住。一位老员工跟我分享了他的职场体会："你再有本事，上司看不上你，也是白搭。"他的结论是：不要干太多事，重点是学会做人。

如果选择去外企工作呢？在大型外企待久了的员工中有些也是"老油条"。一个大型外企高管层里的"老油条"多了，公司空洞的口号就多了，员工将缺乏真实的进取精神。

无论大的私企还是小的私企，情况都不太一样。不同的公司、单位，都有各自的规则，包括明规则与暗规则。这就要看你喜欢什么样的体系。毕竟每个人的情况和适应性都是不同的。选对了平台，特定的人才能将自己的价值最大限度地体现出来。

>>>

又有人问："为什么我非要在工作中体现自己的价值呢？"我反问：

"那么，老板为什么给你发工资呢？"

我们上班拿钱，底层逻辑就是价值交换。员工解决问题，创造价值，公司组织这些价值去创造更大的价值。一个人只要参与社会分工，其创造的价值就要可转化、可交换。如果一个人提供的价值低、可替代性强，他的工资自然不高，机会也会相应地少。

工作中的价值不是能力。一个人记忆力好，这是一种能力，但不见得对所有工作都有价值。

如果一个人体力好，这也是一种能力，它能否转化为工作中的价值但要看这个人用体力做些什么。

>>>

洞察工作的规则，我们要更诚实地意识到：工作就是工作。

价值排序上，我们喜爱的、偏好的，有可能没办法放在第一位。上班，就要把活干好——这是个朴素的逻辑，也是真正的专业精神。

干活时，当然可以加入很多心思，但第一步是先把活干了，再考虑这个活有没有价值。

有人认为，无论公司有多好，只要让自己"超额"干活，自己就是被"剥削"的。

探讨上班是不是剥削，要看我们从中得到了什么。如果企业提供了你认可的价值，上班就可以接受。具有一定挑战性的工作才能让人成长。如果工作做起来一点都不吃力，人也就难以成长。也许有人会说"我不需要成长"，那就另当别论了。

我先付出，还是先得到？有人说："我挣得这么少，不至于付出那么多。"但这是个"先有鸡还是先有蛋"的问题。如果你不让别人看出你能解决什么问题，就很难有大的机遇。

如果你赚 5000 元的工资，但按照 1 万元的标准创造了价值，那么，在不久的将来，你肯定会赚 1 万元或者更多。

当然了，我们也可以选择一份轻松的工作。可是，我们要做好思想准备。轻松的代价是不可逆的。如果我们一开始就选择待在舒适圈内，舒适圈会越来越小。

如果我们选择了不需要创造价值的工作，就要搞清楚：既然比的不是实力，就必须比一些别的。

职场的规则很现实，凡事还要看长远。有些企业虽然工作辛苦一些，但新人可以从高手那里学到一些难得的经验。在职业生涯的前几年经受强度较高的训练，这样的工作经验将为年轻员工的职业生涯背书，或者为他们铺垫未来的职业前途，也是一种划算的交换。

即便通过跳槽换了平台，工作的评价规则也面临转变。换份工作，我们是否就能得到更好的收益？这要看我们的能力在新平台上能否创造超额价值，不然为什么给你涨薪？

即便曾经为大公司效力，离职员工的职业光环也很快就会消失。有的老员工在观念上抱有幻觉，将公司的平台优势当成了自己的强项，忘了自己真实的能力。

这就好比在上升的电梯上，一个人无论做什么都可以跟着电梯上升。可是，我们必须知道：电梯并不因为我们而上升，我们也无须为电梯上升而自豪。

>>>

价值规则是双向的。工作要求员工提供价值，工作也为员工提供价值。工作的价值并非仅限于薪酬、待遇，也包含一份工作的意义。

编程人员自称"码农"，办公室职员自称"每天搬砖"，类似的说法都是员工的自嘲。这些说法的背后透露出一些无奈。毕竟我们上班，除了赚钱来养家糊口，还期待获得一定的意义感。

在《美国人谈美国》（*Working*）一书中，斯塔兹·特克尔强调，在激励员工时，"意义"与经济报偿一样重要。"（工作）是一种探索，既探索日常生活的意义又追求生存必需品，既是寻求认可又在追求金钱，是对有趣生活的探索，而非追求麻木。"[①]

在流水线上"搬砖"的工作具有高度重复性，而且员工仅仅参与了处理成品的一小部分工作。

"我是'螺丝钉'，而且我只生产螺丝钉。伟大的机器，最终跟我没什么关系。"于是，在流水线上工作的员工很难得到意义感。对于企业来说，要留住优秀人才，就要持续改进工作规则。经理人需要营造鼓励创造的企业文化氛围，让优秀员工分享意义感和集体荣誉感，而不是让他们成为"工具人"。

什么才是好的企业？简单来说，让员工上班觉得"有奔头"，觉得自己不是"消耗品"。公司既有奖励的体系，又提供意义的体系，让员工觉得自己的工作是有价值的，不是简单重复的，不仅是流水线上的一道工序。

企业取得的最终成功，跟每个员工都有关。让每个人都成为智慧的载体，在分享和联动中相互支撑，获得意义感。

对于企业家来说，真正重要的问题是如何激发员工的责任感和价值感，让他们愿意在组织中贡献自己的能量和才华。而对个人来说，需要思考的是自己愿意为哪种工作付出更多，以及这样工作下去是否值得。

---

① 埃科尔，等. 90%的人宁愿少赚钱，也要做有意义的工作，说的是你吗？[EB/OL].（2019-06-11）[2023-01-16].

>>>

工作千差万别，每个人的打算也不同。从来都没有完美的工作，也没有完美的人。

如何选工作？工作又如何"选"我们？洞察规则之后，我们会更懂得权衡得失利弊。

我们为什么做这份工作？是为了当下的感受或回报，还是为了未来的意义或成就？

选工作之前，我们要先搞清楚自己愿景的优先级，而不是糊里糊涂地批判一切，或者什么都想要。

为什么人们宁可买蛋糕，也不买一本好书

07 / 3

>>>

如果到访一座陌生城市，或访问不熟悉的街区，我们该如何挑选餐厅呢？

我们大概都会打开点评软件进行挑选。那么，该选评分最高的餐厅吗？还是选访问量最大的？

有经验的用户查看餐厅评分，只要细看其中几条评价，就会知道有多少弄虚作假的成分。

带图片的评价更受欢迎，但在可信度方面值得怀疑。

将心比心，你会费时费力写几百字的热情评价吗？如果我们自己都嫌麻烦，其他人又怎么会发出那么多带图片的好评？如果一家饭店有超高的评分，这事就存疑。评分高，不一定意味着餐厅有多么好。

>>>

后来我们发现，相对平衡的长期评价更有参考价值。

具体来说，那些开业时间较长，评分在 4.0 分左右（满分 5 分）的饭店，可能是优选。一家餐厅开业六七年，甚至更长，就代表它被平台收录的时间较长，餐厅运营者没必要再花钱买评价，或者操作榜单排名。

如果顾客数量多，但点评用户不多，说明这一类饭店在饭菜质量上不会有太大问题（一旦出现问题会涌现差评，评价较少也许意味着质量稳定），也可能说明大部分顾客都是本地回头客。

如果一些顾客只给了中等分数，原因是"这里的菜'有些小贵'"，他们的潜台词就是"菜还不错，就是没那么便宜"。这家饭店，或许值得一试。

>>>

产品或服务的评分有参考价值吗？这取决于评价分数的产生机制。任何评分的背后都是具体的用户（如果排除作弊因素），因此，我们还要重点考虑用户的构成因素。

比如，某平台的电影评分是由文艺爱好者用户给出的。在文艺的评价框架下，新上映的通俗电影的评分当然偏低。

用户为电影打分时，也是在用电影评分展示自我，输出自我价值，寻找同类用户的共鸣。在文艺气息浓郁的社交平台上，用户评分也会向"文艺类"作品倾斜，用户通过发布动态，相互鼓励，逐渐形成特定的风格偏好。这些用户认为"经典电影"与"网络流行电影"的格调相差巨大，前者是"文艺"的，后者是"俗气"的、"快餐式"的，也"不合标准"。

一部新上映的商业电影分数低，并不意味着供人消遣的商业电影一无是处，在其他平台它们也许还会被推崇。作品评价的结果，受到用户类型和场景规则的影响，体现的是评价标准的一个侧面。

>>>

什么样的产品被认同？什么样的东西值得买？怎样买才划算？

一些用户看重价格和品质，比如有的用户要的是"薅羊毛"[1]，只有绝对的低价才会让他们愉快。另一些用户的价值认知更宽泛。他们的"值得"标准，不见得对应价格或品质，有可能是模糊的、具有象征意义的。例如，某明星代言了某产品，而我购买了"明星同款"，就是通过购买行动分享了价值。对于这个明星的粉丝群体而言，购买行为的价值感十分明显（另一群人则无感）。

我们消费的对象，并非产品或服务本身，而是这些对象所代表的价值。追求价值一定意味着追求"有用性"。除了功能上的实用性，"有用性"还有更广泛的内涵，比如社交、炫耀等情感价值。如果花了同样的钱，买到了更"有用"的产品或服务，就是"划算"的，反之就是"不值"的。

---

[1] 薅羊毛，指通过钻研规则获取一些小利益。

>>>

大城市的时尚青年在咖啡店吃一小块蛋糕，配一杯咖啡，花费七八十元，这价格似乎理所当然。而一本内容上乘、印刷精美的图书，定价七八十元，很多人喊贵。

为什么用差不多的钱，人们宁可买蛋糕，也不愿买一本书？因为对两者"有用性"的评价标准差异很大。

吃蛋糕，一个人能获得即时反馈。吃一口，甜蜜柔软的感受充满口腔。除了马上享受美味，还可以拍一张漂亮的照片，在朋友圈发布它也具有一定的炫耀价值。一本经典的书呢？或许读起来费劲，获得快乐的门槛有点高。况且，对很多人来说，一本书的炫耀价值也比不上一块蛋糕。

又比如，某欧洲现代画家的画展门票一百多元，展览质量一般，仅包含几张原作，但并不阻碍参观者的热情。这是为什么？

答案是，一个布置精美的展览的主要价值在于参观体验的过程。参观展览是一种可以呼朋引伴的社交行为。在展厅摆造型后拍出的照片，又可以被当作社交媒体的"展示素材"。这样，一个展览就同时具备了多种价值。同样，我们还可以发现，这位现代派画家的展览虽然受欢迎，可是他的画册销量不太好。究其原因，是参观者认为画册"没有太多用途"。

>>>

看起来，买书"非必要"，阅读也处于大众消费中的"弱势地位"。

可是，对于藏书爱好者而言，一本限量版的好书比蛋糕或展览的价值高得多。

当然，我们也可以通过设计，让"无感"的普通用户感受到一本书的价值。比如，将书与特定物品搭配，针对不同的节日，推出更有吸引力的限量包装版本。对于礼物组合中的书与平时常见的单本书册，消费者的评价规则是不同的。

>>>

洞察评价规则，会让我们进一步反思消费领域的产品策略。

为老商品添加新要素，用旧元素搭配新组合，用新的产品策略改变消费者熟悉的产品认知，只要产品的新"标签"打破了原有的评价规则，就创造了新价值。

消费者会认为，这是新的产品形态。在一段时间内，他们也愿意为产品的"升级"或"改变"付费。

例如，含有某些微量元素或电解质的运动饮料，本来只用于运动后为身体补充营养，经过广告传播，却被消费者认定产品能在日常生活中"补充营养"，被当成了可以提供健康价值的"功能饮料"来消费。

最近几年，各种时尚茶饮品牌的经营者升级了产品。他们将配料中的速溶"茶粉"改成了"真"茶叶泡出来的茶汤，把水果香精改成了草莓或柠檬等"真实"水果，把奶精改成了牛奶或奶酪。他们为顾客当面制作饮品，并让大家看到整块的水果、奶酪。把之前的一些"假货"替换成"真材实料"，升级了消费规则，就让产品显得更有卖点。

从前，消费者喜欢量大、味足、价格便宜的饮品。"消费升级"策略替换了旧产品的一部分原料，又把新产品的卖相搞得时髦一点，从而拓展了消费场景。消费者面对"升级"的茶饮，也真的以为发现了新大陆。

可是，仔细想想，咱们本来喝的就是真的茶叶，吃的是真的水果啊。只不过绕了一圈，从真到假，又从假到真，时髦的品牌升级了茶叶与水果的替代品，产品价格也贵了几倍，却被认为"更值得"。

>>>

运动饮料比普通纯净水贵两倍，时尚茶饮的价格更是一度达到了普通茶饮的两到三倍，因为一旦产品概念升级，价格规则也跟着升级。产品的定价逻辑，依附于它所对标的相似商品。在消费者的观念里，没有绝对的昂贵和便宜，就看在怎样的价格规则下比较价格和价值。

新类别、新概念，开拓了新的认知区间。新的认知区间一旦被接受，就有可能让消费者跳出原有的价格标准，在购买或评价产品时，不再拿它跟原有的竞品对标。

>>>

新概念为不同的新场景贴上标签。通过标签传递新的信息，也就制定了新的消费和评价规则。

我们选餐厅，也是在选标签。而餐厅的评价标准，也跟标签有关。例如，外来游客不会苛求特色小吃店的空间和服务，更看重菜品特色和上菜速度。约在餐厅谈事的商务人士，看重用餐环境的安静与清爽，要求菜品雅致，不能让人吃起来太狼狈。而约会的情侣，对餐厅的服务和氛围要求更高。情侣们对菜品的命名以及上菜方式，也会有额外的期待。

用户对产品或服务的期待，往往匹配相应的"标签"。产品或服务的评价规则，往往是在场景的标签之下建立的。不符合标签的，就被认为"不好"；超越了顾客期待的，就会获得更多的好评。

>>>

我去青岛开会，刚开始住了几天豪华酒店，后来换到了老城区的某个老酒店。比起全新装修的豪华酒店，我对老酒店的评价反而更好一些，甚至主动登录预订平台，为这家店打了五星好评。这是为什么呢？

入住老酒店当天，我喝完了酒店赠送的两瓶矿泉水，给前台打电话额外要了两瓶。第二天，我回到房间，发现工作人员在清扫房间后，在桌上额外放了几瓶水。这就意味着他们注意到了我的饮水习惯。退房之后，工作人员送了我一个手提袋，里面装着小纪念品、防疫用品（口罩、酒精之类的）以及额外一瓶饮用水。

我对老酒店的评价很高，因为它的服务超越了我的预期。

我住过很多酒店，体会过的有求必应的服务也不少；但更好的服务不用顾客提要求，能主动看见顾客的需求。而房价低廉的老酒店能提供这样的服务，就更让我感到惊讶了。于是，我主动给它打好评。

>>>

无论选饭店、评电影、喝饮料还是住酒店，消费者的评价心态都十分微妙。消费者的"值得买"或者"划算"的标准很宽泛。消费者评价的"有用"包含很多层次。领域不同，判断标准也不同。

>>>

在既有的评价规则之中，就必须拼功能、拼品质、拼价格；而新的产品形态被贴上了新的标签，有可能开辟新的评价标准。

当产品或服务围绕用户的需求和场景进行有效创新，带来惊喜和新鲜感时，它们就有可能超越用户的期待，在另外的赛道上建立新的消费规则。比起竞争激烈的老规则，开辟了"新战场"的新规则当然占了先机。

如何用规则影响他人

07 / 4

>>>

如果使用大一些的盘子装食物，我们是否会吃下更多晚餐？答案是肯定的。

如果跟胃口好的人一起吃饭呢？看着同伴大快朵颐，我们的食欲也会有所增加。

如果在外国旅游，我们就不太在乎热量的摄取，尽量多吃点，因为这些食品是"限量版"，难得吃一次。如果回到日常生活，我们就很少这么想。

我们判断吃多吃少，够了或不够，所依据的并非客观上食物数量的多少。

我们一直在寻找合理的参照系统。寻求一种规则、一种标准，来衡量我们的行为。

>>>

去食堂打饭，我的经验是，如果我的盘子又大又深，食堂大师傅给的饭菜就会多一些。这是为什么呢？答案是同样一勺菜，放在普通饭盒里跟在大盘子里看起来不一样。大盘子深，打一勺菜显得少，大师傅觉得他给的菜少了，会下意识地再给添一些。我如果用大盘子吃饭，也会觉得吃进去的没那么多。

>>>

我们如何影响他人？

我们通常对他人有"理性人假设"。"理性人假设"意味着，我们都会依据理性做出完全合乎道理、使自己收益最大化的选择。可是，后来我们知道，"理性人"只是一个理论上的抽象假设，现实中大多数人是凭借激情和欲望活着的，而且非常善变，容易进入圈套。公允地讲，我们总在理性与非理性之间徘徊。

我们无论消费、投资，还是做出一项决定，都容易打着理性的旗号，做出不太理性的决定。

在任何情况下，说服他人都很难，强迫他人的效果更不理想。更好的方式是依靠规则，让别人自愿去做。

例如：如何解决人们在街头乱扔烟头的问题？

通常的方法主要分为两种。第一种，赞美、褒奖，用道德引导。比如贴上一张标语："做文明市民，请勿乱扔烟头。"第二种，惩罚、训诫，用恶狠狠的语言警告："扔垃圾的人，就是垃圾。"或者威胁要严惩："乱扔烟头，罚款一百。"

除了这两种方法，有没有更好的办法？想提出更巧妙的办法，需要洞察他人的心理，创造新的游戏规则。

例如，在英国某城镇，大多数烟民也是球迷。相关机构在街头安装了一个"烟头投票箱"。

醒目的黄箱子上写着说明文字：请投票选出世界上最好的球员。

左：罗纳尔多，右：梅西。社区中抽烟的球迷们很乐意用烟头投上一票。

这项设计并没有规劝或威胁用户。设计者只是洞察了当地抽烟者的心理，并依据这一心理设立了相应的规则，将作为废物的烟头变成了有用的选票。

在我辅导过的创新比赛中，有个小组听了这个案例介绍，也想出一个类似的方案。

他们研究的问题是"如何应对美食街游客乱扔竹签子的现象"。

我们都知道，美食街的大量摊位出售各类烤串，游客吃完之后，剩下的竹签子如果不能规则地堆在一起，就很难清理。小组在创意方案里创立了一种游戏规则：游客如果集齐五根竹签，就可以去服务店抽取一支"好运签"。"好运签"上写了一些祝福的好话，游客拿走精美的签文，也能把它当作一个不错的纪念品。

这个创意也包含相似的洞察。小组在回收"烤串签"与抽"好运签"之间，建立了一个游客乐意接受的规则。

>>>

理解了人的心理，就知道人的选择并不全然依靠理性。我们的行为在自主性之外，还受规则引导，甚至被规则塑造。

例如，商家要考虑的是如何制定规则，引导消费行为，让消费者觉得"占了便宜"。

如果三台相似的电视机并排放在货架上，其中两台的标价都是 8000 元，只有一台是 5000 元，在对比之下，消费者就觉得后者格外便宜，买下来就是"占了便宜"。但消费者也许根本不知道这种电视应该卖多少钱。商家通过价格和功能的对比建立参照体系，也设定了消费者判断商品价值的认知规则。

有很多类似的常见策略。比如，列出一件衣服的原价，再把它划掉，给出一个所谓的"折后价"。

精酿啤酒店推出季节性口味，告诉顾客如果过了某个日期，今年的"夏天口味"就再也喝不到了。限量版的产品，或不容易买到的商品，都会提升消费者的购买兴趣。

"买一送一""套餐组合"等促销方案都设定了规则，为了套餐里好看的赠品，或者组合搭配省 2 元，消费者很容易被激活购买欲望，一不小心就多买了好几样东西。

>>>

用规则"助推"与影响他人的原理，不仅可以被用在引导消费上，还有助于社会公益。

例如，我们知道，"节省资金""保护环境"或者"做一个良好的公民"的口号不太容易让居民的能源使用量明显减少。

在美国的一些街区，家庭的水电账单上不仅标注了用量和付款金额，还会将一个家庭的能源消耗量与邻居进行比较。[①] 账单上注明该社区家庭的用电平均值。一旦知道了自己家在社区中所处的"能源使用量位置"，甚至看到"邻居使用的能源更少"，人们往往会自觉调整用量，改善用电的行为。如果在超用量的电费单上加一个不高兴的卡通表情，更会强化引导效果。

通过比较或引导设立规则的引导方式，我国的很多城市也在用。

例如，将户外健身场所建在小区的入口和出口，位置足够显眼，时刻提醒居民参与健身。

地铁站的绿色和红色箭头指示了站立的位置，以加快乘客上下车的速度。在一些城市，如果选择非高峰时间段出行，乘车费也会降低。通过设计与建立规则，有利于建立居民与社会良好的契约关系。

[①] Opower 公司提供这种个性化电力账单服务。该公司于 2007 年成立，提供家庭能源消耗的真实数据，后来成长为全球化的家庭能源管理企业。

>>>

怎样才能影响他人？摆事实、讲道理，也许难以实现目标。

施加影响，只能避实就虚。哪怕我们的目标或意图是完美的，手段也并非无可挑剔。如果你想劝说一群人造船，必然要让对方对远航产生热情，而不是一味地鼓吹造船的好处。

我们要先接受人内心之中的非理性前提。设定场景，让对方主动进入规则，把选择权还给对方。要吸引他们，而不是强拉硬拽，让他们自己做出自由的决策。只有自己做出的决策，才能让人们坚持下去。

>>>

如果想推动别人去做一件事情，最好先禁止对方做这件事，燃起对方内心渴望的火焰。"想要又不能实现"的诱惑，让朦胧的意愿在对方的内心深处发芽。

如果我们禁止孩子玩游戏，强迫他们放下手机，那只会让电子设备对他们而言更有吸引力。如果家长想让孩子多吃蔬菜，不直接劝他们吃，而是自己大吃特吃却禁止他们吃，对他们来说蔬菜就可能更有吸引力。

如果家长限制孩子看书的时间为一小时，而家长总在孩子面前看书，这种规则上的限制就对孩子形成了一定的诱惑力。如果将看书从强迫变成奖励，孩子又能在分享故事的过程中提升自信，那么对他们来说读书就一定不是个苦差事。

"诱惑"的最重要部分就是让事情本身具有吸引力。孩子应该先被吸引，而不是被某个权威强迫。读书的要求，最好由孩子提出。如果一件事情大人反对，而孩子坚持，孩子会觉得这件事更有价值。

>>>

影响他人，要运用理性，也可以推行相应的规则。我的一个朋友分享了他们家的金钱规则。

他让孩子管理自己的压岁钱，但是任何消费，只要是孩子提出来的，都要用孩子自己的压岁钱出资。

家长认可的课程，孩子只需出总价的 10%。家长不认可的课程，孩子要出总价的 70%。如果孩子要买一双新款球鞋，家长不认可，孩子就要自己出 70% 的钱。孩子付了钱，也就更珍惜自己买回来的商品。通过这样的训练，他更懂得规划自己的时间和金钱。

这位朋友从来不劝孩子，也不会替他做决策，而是将主动权交给他。孩子一旦独立决策，感受到被平等对待了，就会更全面地用理性盘算，而不是把决策责任推给其他人。

>>>

无论在商业、社会领域，还是在生活中，让对方主动参与的规则设定同样奏效。

如果想影响他人改变或形成一种行为习惯，那么无论自己还是他人，都要处于自愿的状态。

>>>

与其死皮赖脸地说服别人，表达"这事情有多么重要"，不如让对方自己被事情吸引，觉得"走过路过不能错过"。

这个世界上的事情莫不如此。禁止或劝诫没有明显效果，不如设定一个规则或局面。在情境中，对人、事、物进行限定。被限制的一切，反而更有吸引力。

08 真相很少纯粹，也绝不简单。

繁简的洞察

>>>

简化是一种能力，也是难得的智慧。
在这个注意力资源稀缺的时代，我们的表达需要一针见血。
一种主张或表述，如果简单有效、具有穿透力，
那么其中一定包含十分深刻的洞察。

>>>

可是，我们也要知道，干鱼片虽然浓缩了鱼的要素，但跟鲜鱼相去甚远；
果汁去掉了苹果、橙子等水果的纤维，很难说是原本水果的全部精华。

"干货"去掉了"冗余"的水分，
优点在于便于保存与携带，但缺点也在于过于简化本身。

>>>

看起来多余的内容，也许并不多余。
被跳过的内容，甚至有可能是决定性的部分。

当我们获得的信息过于单一，缺乏多元化的丰富度时，
我们就容易落入"自治思考"的陷阱。

想法简单，可能导致我们自大和偏执。
如何在简单与复杂中寻求动态的平衡，也是洞察的关键所在。

一句话，能穿透人心吗

08 / 1

>>>

如果面试时间只有 1 分钟，你将如何介绍自己？

有人从自己的学生时代讲起，介绍家乡和学校。

有人把自己过去所获奖项和头衔罗列一遍。

有人加快语速，尽可能地塞进更多信息，像在说绕口令，直到被不
耐烦的面试官打断。

>>>

只要做过几次快速自我介绍的练习，我们就会通过听者的反馈发现
一些道理。

在短时间内，加入太多表述内容，沟通不见得有效。说了许多内容，还不如言简意赅地阐述一两个重点。为了实现沟通效果的最优化，我们需要回到表达的初衷：为什么要自我介绍？如果我要让对方快速了解我，对我产生兴趣，那么，简要介绍必然围绕以下三个方面。

第一，我的核心价值是什么？

第二，我的价值将为对方带来怎样的改变？

第三，我是否具有一定的不可替代性？

>>>

在面试中，有人这样表态："我年轻能干，我愿意付出一切！"

让我们想一想，"付出一切"的表态是否可信呢？即使可信，这种表态是否有价值？又是否具有不可替代性呢？

有人介绍自己："我看过很多书，爱好广泛。"

从面试官的立场上看：你喜欢看书，也许意味着你知识渊博。但这些知识能为我们带来什么呢？你爱好广泛，是不是意味着容易分心，做事情的热情不持久？

什么才是更有效的自我介绍？

如果去饮料公司市场部求职的人这样介绍："今年上市的 50 种新饮料，我试过其中 30 种主要产品，分为几类，而我认为，体现的趋势是……"

这位应聘者的发言重点，并非他的"态度"（我愿意），而是"行动"（我试过），而且他所关注的内容与雇主的业务紧密相关。这一段介绍，有观点、有分析，想必公司的负责人有兴趣想听他讲下去。

在沟通中，如果你没有刻意强调自己，而是分析对方关心的事，且表达了自己的价值，就更有可能让对方对你印象深刻。

>>>

还有一种常见的表达练习，叫作"电梯演讲"。这种练习与 1 分钟自我介绍类似，要求发言者在有限时间内，在偶遇陌生人的场合（例如电梯中），以简洁且有吸引力的方式迅速传递个人、产品或项目信息，并让对方想与之进行后续谈话。

无论面试中的自我介绍，还是在特殊场合进行项目推介的聊天，我们都需要洞察一种具有普遍意义的沟通策略。任何一次沟通中，我们都需要在很短的时间内提炼出重点要素，让对方很快将其识别出来，并对我们谈的事情产生兴趣。当介绍一本书、一个景点、一个产品、一个项目或者一个人时，策略都有相似之处，那就是说出最有价值的要点，引起对方的注意，并获得一定程度的认同。

>>>

在这个时代，人们每时每刻都在发声。我们表达的机会看似很多，发出的声音却难以在喧哗之中脱颖而出。注意力资源是稀缺的。迈克尔·戈德海伯在探讨"注意力经济"时指出："当今社会是一个信息极大丰富甚至泛滥的社会，而互联网的出现加快了这一进程，信息非但不是稀缺资源，反而是过剩的。相对于过剩的信息，只有一种资源是稀缺的，那就是人们的注意力。"

很多人想通过媒体获得关注。可是，如果短时间内无法引起受众的关注，珍贵的沟通机会大概已经被浪费。

>>>

为了训练表达能力，我上创意课时，会要求同学们完成时长为 30 秒的广告创意视频。在限定的时间内，我们往往可以用短视频列举产品的三个好处。不过，如果介绍三个要点，结果可能是观众一个都没记住。观众有可能记住的，通常是跟自己有关的一个核心要点。

比如："怕上火，喝王老吉。"这句话提供了一个功能上的承诺，消费者一旦想到吃火锅、熬夜、加班这些容易"上火"的场面，就会想到王老吉。

又比如："可口可乐'开启快乐'。"这一句口号提供了感情上的承诺，让可口可乐随时随地与"快乐"挂钩，广告创意中的场面都跟分享和传递快乐有关。可口可乐是"肥宅快乐水"的说法，也深受年轻人的喜爱，并得到广泛传播。

>>>

无论品牌还是产品，都会与消费者发生无数次沟通。最有效的传播方式，都围绕着一个要点展开：传播内容统一、高效，且不断重复内容要点。这样受众认知就不会出现太大的偏差。

对于个人、产品或品牌传播，简化的有效沟通策略都类似于一颗图钉的结构。

一颗图钉有着这样的经典结构：尖锐的头部配上平滑的圆盖子。使用者只需轻轻按压圆盖，图钉的尖端就能得到较大的压力，很容易刺入特定位置。

图钉尖锐的部分就像沟通的切入点，越尖锐，越容易进入。切入点需要聚焦于一种核心价值。与此同时，图钉的圆盖，对针尖——价值点形成有力的支撑。

图钉的尖锐部分，就是包含洞察的"价值主张"（value proposition）。我们提供价值主张，就是在输出一种简单、有效的价值点，它必须有差异性，而且可信、能够解决问题。具体来说，跟前文中提到的自我介绍的要点有异曲同工之妙。

第一，相关性：它是什么？针对什么人，提供什么？能解决什么特定的问题？

第二，记忆点：它有什么具体的好处，能够被记住？

第三，差异性：为什么选择它，而不选择竞争对手？

>>>

例如，以"可口可乐生姜+"产品为例。这是一种可乐与生姜的混合饮料，它的价值主张是"原来汽水还可以热着喝！"

第一，相关性：针对喜欢可口可乐，并听说过用"可乐煮姜汤"可以驱寒的消费者。适配于冬季聚餐、吃蟹等场景，也是阴寒天气的养生暖饮。

第二，记忆点：微波炉加热 90 秒，温热又微微冒泡的美妙口感——原来汽水还可以热着喝！一杯"可口可乐生姜＋"，好喝又怡神，暖身又暖心。

第三，差异性："可乐与生姜"的搭配有一定的认知基础，也是产品差异性的基础。产品采用真姜实料，对姜的种类和浓度进行了反复调整，让口味暖而不辣，既还原了可乐煲姜的传统滋味，又保留了汽水的饮用体验。

>>>

如何才能使产品概念不易混淆，让人难以忘怀？最优的选择，一定是拥有独特的洞察，并据此建立自己的价值特性。这就像在歌唱比赛中，发出独特声音的选手。即便有点怪异，但这种具有特色的声音也会在"辨识度"上取胜。

任何传播，都可以把差异性的价值主张当作基础，集中在一个狭窄的目标区域中下功夫，创造出独有的位置。让产品标签鲜明化，在用户心中建立一个据点，使标签稳定地占有一席之地。

如果我们无法输出独特的新标准，缺乏有竞争力的价值承诺，那么，我们就要用别人的标准，靠更低的价格或更广泛的销售渠道等要素，加入更激烈的竞争。

换句话说，如果不能从一点突破，打造产品的核心价值，产品就会在其他非优势领域陷入"混战"。这就好比在歌唱比赛中，我的声音无法被立刻辨识出来，那么我就只能跟其他选手比拼高音，赢得比赛的难度无疑提高了。

>>>

洞察也是舍弃、提炼的过程。我们要思考：在众多价值中，如果只拿出一样，那会是什么呢？如果只留下一件东西，那会是什么？通过回答，我就更了解自己或自己所做之事了。

>>>

如果一句话很重要，那么它一定舍弃了大量的表达。提炼，包含大量的浓缩。

但是别忘了，图钉的尖锐部分，不可能独立存在。

找到尖锐而有效的突破点固然重要，其背后的特点或支撑力也不可忽视。如果吸引人的传播点无法获得实质性的有效支撑，沟通仅能引起注意，那也是白费。

比如，"可口可乐生姜+"——原来汽水还可以热着喝！该产品的价值主张之所以成立，是因为这并非凭空捏造的"原创"概念。"姜汁可乐"这一饮品在民间被广泛接受。企业并非自作主张地推出一种新搭配，而是在普遍认知的基础上加以提炼。有了公众认知的支撑，该产品的承诺和差异性，就不容易被竞争产品占有。

>>>

无论在产品领域，还是在个人领域，追求简单的洞察，目的都在于应对表达中容易出现的问题。首先，我们容易面面俱到而丧失重点。其次，我们主推的价值主张缺乏效力，无法实现有效沟通。

我们需要遵循简单化原则，参考图钉原理：在大面积信息的支撑下，将力量汇聚于一点，一点突破，一针见血。

>>>

如何"快速而有效地传递"？洞察的关键在于我们是否明确知道人或事的真正价值。我们所表述的价值，对于对方而言，是否构成一种有效价值？对方能否理解我们的要点？我们是否有勇气果断地舍弃其他内容，让为数不多的要点更聚焦、更深入？

真有一本神奇的秘籍吗

08 / 2

>>>

有人说："你讲的内容太复杂了，能不能简化一下呢？告诉我们核心要点就行。"

我回答："内容也许可以简化，但简化之后，就不是原来那个东西了。"

这就好比一部时长两小时的电影，如果被剪辑到只用三分钟就放完了，还是这部电影吗？三分钟的版本不能叫电影，那叫故事梗概。

又好比，营养药片含有各类维生素，却无法代替具体的水果。因为水果除了维生素，还包含其他成分。

我们归纳了简化的多种好处，可是简化的危险也来自简化本身。我们往往留下看似最有用的东西，去掉看起来多余的。可是去掉之后，我们就会发现，被高度概括的内容有可能偏离了整件事情的初衷。

过度追求本质化，可能让我们抱有浪漫主义愿景：这世界上似乎存在一种核心秘密，可以四两拨千斤，浓缩的真理能代替一切，而除了本质，其余的一切都不重要，都可以忽略。

>>>

可是，人们仍然锲而不舍。"请问写文章有什么秘诀？成为高手有没有诀窍？如何在这个领域快速取得成功？"每次上课，我都会遇到类似的提问。提问者想着不用费时费力就可以一次性解决问题。可惜我不是哆啦A梦，没办法提供厉害的神奇道具。

>>>

寻求简单，以一敌百，这种思维倾向可以被归纳为"秘籍思维"。

漫画书中的普通人忽然获得了某种超能力，变得力大无比或可以飞行。在武侠小说里，天资愚钝的平凡少年落入某山洞，发现了墙上的武功秘籍。他练习一番，立马脱胎换骨，一飞冲天，变成武林高手。

秘籍思维的追求者始终相信有一个揭示真相的终极"秘籍"：它是一种万能药，能治疗很多病；它是一个万能公式，让每个问题都能迎刃而解。"秘籍"甚至只要一招、一个口诀，就是这么简单。

也许大家还寄希望于某个神奇的理论，它包含超越时空的真理，能终结一切疑惑。

>>>

为什么过度简化的秘籍思维会大行其道？

在我们所处的时代中，许多事物都是速生的。我们习惯于按下搜索按钮，结果随即在眼前呈现。

在数字媒体的影响之下，我们越来越缺乏耐性，一分钟的视频都嫌它长，更别说充满矛盾的现实了。

黑白分明的简化版本，更容易辨认。"一眼看得到头"的结论，更有吸引力。

例如，人们"成功"的过程被简化为"努力"加上某个"秘诀"。只要我们掌握了这个"秘诀"，又努力实践，那么成功"立等可取"，我们很快就会"走上人生巅峰"。

故事中被标准化的成功人士，从不浪费时间，只留下一连串英明的决策。他们掌握了"秘诀"，必然通向后来的最大成就。为什么成功人士总能走出泥潭？因为没有从泥潭里走出来的大多是失败者，我们都看不见这些人了。

如果只看到一些"关键操作"，忽视其他细微的动作，我们就必然会夸大某些步骤的决定性作用。神奇的成功"秘诀"都是被高度提炼的成功要素，忽略了巧合与环境的差异性，也都是事后总结的"后见之明"。

>>>

简化思维，又好像孩子看电影，一定要分出个好人和坏人。

这是好人，还是坏人？我们从小看电影就喜欢问这种问题。孩子要一个明确的答案，不然就问个不停。世界上真的有单纯的好人或纯粹的坏人吗？不太坏的坏人或不太好的好人又该如何分类呢？

"灰度"思维告诉我们：世界上的人并非一成不变。好人会做坏事，坏人也会做好事。每个人都不是纯粹的好人，或者纯粹的坏人。

我们洞察一个概念，最终会发现各种要素相互牵制的平衡特征。换句话说，被归纳成"坏"的特征，始终无法被彻底标签化。没有一种东西是一直坏的，或本质上坏的。

灰尘携带病毒、细菌和虫卵，传播疾病。过多的灰尘还会造成环境污染，诱发呼吸道疾病。

可是，如果地球没有灰尘，太阳光就无法被吸收，地表温度也不会适合生命繁衍。没有灰尘，空气中的水汽无法凝结，不会有云，更不会有雨雪、彩虹。

细菌呢？人似乎都恨细菌，因为细菌诱发疾病，但我们也要清楚：细菌在帮助我们消化。

人体内及表皮上的细菌细胞总数约是人体细胞总数的 10 倍。即使想要消灭细菌，细菌也永远不会被消灭，只是在人体内达到数量平衡的状态而已。人无法摆脱灰尘或细菌。我们难道想要过"无菌生活"？这简直是痴心妄想。

>>>

再以我们的情绪为例。恐惧是一种"坏情绪"吗？恐惧是人类面对危险时的本能反应。

恐惧时，人大量释放肾上腺素，心跳加快、血压上升、呼吸加深并加快；肌肉供血量增大、瞳孔扩大、大脑释放多巴胺类物质，令精神高度集中，身体进入应急状态。

恐惧让人感觉不舒服，却激发了我们身体的活力和动力。恐惧帮助我们对周围发生的一切保持警觉。没有恐惧，人类无法察觉风险，甚至可能无法存活下去。

>>>

里尔克说："如果我的魔鬼离开我，恐怕我的天使也会逃走。"这句话的意思是，如果去掉了坏的部分，那么好的也没了。

无论灰尘、细菌，还是恐惧的情绪，都提醒我们好与坏是一种共生关系。不存在一种铲除了"坏"的"完美"。如果去掉邪恶的部分，光明的部分也一定黯然失色。完美并非一个终极目标，有可能是个陷阱。

>>>

完美主义者的弱点在于难以接受任何"杂质"。我认识的完美主义者能力都很强。他们的生活、工作都井井有条。完美主义者穿着体面，他们的桌面和床都一尘不染。

可是，任何计划之外的干扰都会让他们十分恼火。比如，仅仅是倒茶时水洒了，或者衣服搭配不合适，都会让他们陷入挫败感。有人会因为微小的失败、不顺心，或计划出现偏差而放弃行动。

也许，一些完美主义者的生活被保护得太好了，让一个成年人仍然维持着孩子般的幻想。想继续当个孩子，意味着追求完全可控的纯粹结果，要么全要，要么不要。拥有孩子心态的人认为一切事情都应该按照不变的规律运行，那才叫正常状态。一旦遇到一点"不和谐"的事实，他们就难以处理了。

无论信奉奇迹、秘籍还是完美主义，人们都有可能在寻求一种简单的方案。他们以为在这个复杂的世界中，杜绝了"坏东西"，就将迎来好的阶段。可是，稍有常识的人都知道，不存在一劳永逸的一次性解决方式。对唯一真相、完美方案或简单答案的追求，往往让我们陷入困境。

>>>

世界无法被简化成黑和白。美国作家菲茨杰拉德说："测试智力是否一流，就要看头脑在同时容纳两种相反意见的情况下是否仍能运转。"[1] 因此，判断一个人是成熟还是幼稚，需要先看看此人能否容纳

---

[1] 菲茨杰拉德.崩溃（菲茨杰拉德文集 2016）[M].黄昱宁，包慧怡，译.上海：上海译文出版社，2016.

多元化的复杂事实，他用的是非黑即白的简化思维，还是灰度思维。

>>>

如何形成"灰度思维"，摆脱简化的困境呢？

经济学者阿马蒂亚·森曾说："考察一个人的判断力，主要考察他信息来源的多样性。有无数的可怜人，长期活在单一的信息里，而且是一种完全被扭曲、颠倒的信息，这是导致人们愚昧且自信的最大原因。"

单一化的信息，让人对某些道理确信不疑，更容易被误导、扭曲，造成偏见和仇恨。问题的结论不应快速得出。我们走得越远，见识越多，才越有可能理解并容忍复杂性。

灰度思维，要求我们时刻怀着开放的心态认知事物，一直做好接纳各种不确定因素的准备。在头脑中存留一种"反对者"的意见，试着用它挑战我们快速反应的思维方式。打破均衡—失衡—再均衡，不断地重复这个过程平衡局面，才是成年人的思维方式。

我们要谨慎谈论一些词。简单的总结，也可能是粗暴的。有些简化的认知，就像做工粗糙的滤网，漏掉的都是精华。我们需要有所警觉，因为这个时代的人仍然喜欢口号式的简单说法。人们往往选择一边，拒绝另一边。毕竟鲜明的立场、简单的口号利于传播，也容易被人接受。

>>>

洞察是基于复杂事实的提炼，并非为了确认一种道理，就要忽略其他复杂性。

我们当然需要抽象思考，但同时也要关心被一笔带过的过程中所包含的种种曲折。

我们也不该为了寻求唯一的真相删除其他视角，走向黑或白的极端。

我在说正确的废话吗

08 / 3

>>>

有人宣布了一个发现："经常出去看世界的孩子，长大以后成功的概率要比其他孩子高很多。"

为什么这些孩子更容易成功？难道是眼界宽了吗？

其实，原因很简单：多数有机会出去看世界的孩子，家里更有钱。

是啊，家里钱多，孩子的起点不一样，做事情没顾虑、有助力。

这就好比一个笑话：有个人特别省钱，每个月省 1000 元存起来，一年后买了北京的大房子。买到房子是因为这人节约吗？不，是因为他爸爸给了他 1000 万元。

>>>

为什么经常去健身房的人较少患抑郁症?

难道是因为身材好的人更受欢迎,从而降低了患抑郁症的风险吗?

稍微想想,就不难知道其中的道理:一个人如果经常去健身房锻炼,他大概率上更有空闲,不缺钱(如果你有一堆杂事要办,还想着赚钱养家,哪儿有闲情持续地锻炼)。

这样的人主观上有动力和活力,而且比较自律。他即便不去健身房,也不太容易患上抑郁症。

>>>

"孩子经常出去看世界提高了成功率"以及"经常去健身房的人不容易患抑郁症",这类推论看似可笑,却映射出我们日常推论的基本逻辑缺陷。

我们分析一些事实,归纳原因,快速得出一个看似有道理的结论。但是原因和结果,很可能并不相关。

>>>

多个原因共同起作用,才会导致某事发生。

高质量的因果关系分析,必然结合更广泛的原因进行综合考量,而不是盯着单一原因得出可笑的结论。

可是，我们容易只盯着并重点强调某个事实，或者将两个事情强行绑在一起，好像这样就找到了不一样的角度，有了不一样的洞察。

>>>

"蝴蝶效应"说的是，一只蝴蝶在巴西轻拍翅膀，可以导致一个月后得克萨斯州的一场龙卷风。

世界上的事情的确相互关联。可是一只蝴蝶不应为一场龙卷风负全部责任。如果不考虑原因的复杂性，我们就犯了"过度简化因果关系谬误"（causal oversimplication fallacy）。

过度简化因果关系谬误意味着依赖或过分强调某个因素，用一个因果关系解释整件事情。

每时每刻都有不计其数的事情发生，但它们不见得有因果关系。休谟说："虽然我们能观察到一个事物随着另一个事物而来，但我们不能观察到这两件事物的关联。"

可是，天真的我们经常执着且错误地秉持"因果幻觉"。

>>>

比如：事实证明，所有猝死的人都在死前数小时内喝过水。

坏人也在喝水之后干了坏事。难道喝水导致了猝死或干坏事吗？

这个分析让人感到荒诞。可是如果把相似的论证方式用在科技上，也会产生一套味道相似却不容易被觉察的"科技有害论"。

坏人"干坏事"都使用了科技手段；没有科技，坏人也干不成坏事。因此，科技是有害的。

>>>

如果有人用菜刀伤人，这并不能说明菜刀是一种坏东西。同样的道理，作为工具，科技好比菜刀，只是个"中性"的存在。科技不好不坏，也可以说既好又坏。况且，在当代社会，科技就像水一样存在着。任何一个人做坏事、做好事，都无法将科技因素排除在外。

科技与世界上的任何工具或媒介一样，放大了人的内在中好的一面，同时助长了坏的一面。

>>>

过度简化因果，有可能用结论"反推"事实。我们相信什么，就会强调什么，在叙述中，强化一部分，又忽略另一部分。我们随时都在根据观念挑选一些证据，通过错配因果论证一切道理。不摘下认知上的有色眼镜，收集的信息再多也没用。

比如，如果你相信"爱"，那别人的一切表达可能都会被简单归因于"爱"。

你发现有人对你好，那就是因为对方爱你；如果发现有人对你不好，也可能将其解释成爱。你爱他人，做了短期之内让他不舒服的事情，也是为了长期对他好。总之，一切都因为"爱"。

>>>

有的男人找不到恋爱对象，经常将其归结为一些自以为是的原因：
女人不喜欢我就是嫌我穷，或者嫌我难看。

这种主观色彩很强的推测，只是体现了这种人比较自卑而已。女人
不一定在乎他穷，或者长相不好，只是他自己的认知自动放大了错
觉，以为女人都这么想。

要知道，很多比他难看、比他穷的人，也找到了恋爱对象。只盯着
自己在意的一处，就会忽略对其他方面的改善。

>>>

多数人更喜欢活在肤浅的因果推论中。

分析一件事，最容易落入的陷阱是"走过场"。我们刚出发就宣布：
"我已经到达。"我们看到窗外的街道湿了，就说下雨了。看到一
个人精神不振，就认为他是睡眠不足。所谓的"得出结论"，只不
过是抓住了我们第一时间联想到的一种可能性，迫不及待地将它讲
出来。

快速、简单推论的基础是感性，而非理性。在所谓的"后真相时代"
中，人们更重视"感觉上的真实"，而不是经过确认的"事实上的
真实"。

为了赢得他人的认可，我们传递的信息越来越强调情感的冲击，注
重感觉上的真实，而不是经过确认的事实上的真实。诉诸情感与个

人信仰往往比陈述客观事实更有影响力。

随处可见的热门话题中，很多还没有被验证就广为流传，激起人们愤怒、兴奋、欢乐等各种情绪。等到我们想着分析事件，验证其真实性的时候，这件事情早就过时，基本没人关心了。在复杂的媒体时代，诉诸感性的简单思想不会让生活变得简单。提倡"想法简单"的人更容易受到蛊惑，被信息碎片操控。

>>>

在"后真相时代"，我们如何洞察真实呢？

哲学家把我们建立信念的过程比喻成"在海上修建木筏"。如果要在波涛汹涌的海上修建木筏，我们要先站在第一块木板上修建第二块，然后才有后面的第三、第四、第五块木板。

第一块木板，就像我们的基本观念，它决定了我们认识的起点。每个人都要有洞察真相的能力，不然，第一块木板永远都是不稳固的。

我们的思考意愿，又建构着我们的思想范围。懒得思考的人，思想的范围就会越来越小。一旦抓住了一个让自己满意的解读，他们就满足于这个片面的解释。

>>>

王尔德说："真相很少纯粹，也绝不简单。"

轻易得出结论，也许只是因为我们不愿知道更多而已。只有持续地追问，才有可能让我们靠近真正的原因。

例如，一个人经常去不同的餐厅吃饭，是因为他喜欢外出就餐吗？

外出就餐并不代表这个人喜欢在餐厅吃饭。他去餐厅吃饭，有可能是出于工作需要，在餐厅请客应酬；有可能是工作过于枯燥，用外出就餐调节生活状态；还有可能是希望在家吃饭，但无法实现等。

因此，要想聚焦于真相，就需要将人的很多行为以及背景信息放在一起分析。

>>>

总有人宣称："我喜欢简单，不喜欢那么复杂。"这也容易理解，我们每天需要应对无数信息的涌入。真正的现实也许复杂，让人不那么舒服。声称"爱好简单"的人，很多都捂住耳朵、眼睛，维护着一个理所当然的堡垒。他们只要不想太多，就能变得自洽、安心。

>>>

洞察意味着不满足于肤浅的解释，尽量考察信源的可信性以及所提供证据的真实性。

反思我们顺理成章的想法，探索各种因素，而不是随意配置因果、感情用事，宣布貌似新奇，其实荒诞的新发现。

凭什么成功只有一种

08 / 4

>>>

提到成功人士，我们也许立刻想到财富榜上的名人，或者常在媒体上露脸的时尚明星，他们形象好、气质佳、快乐自信。那么，成功的形象是什么？成功的标准怎样制定？唉声叹气的有钱人也算成功吗？思维敏捷、思想深刻的穷人呢？

如果成功的概念变得丰富，我们就要花费更多的心思罗列、分辨、判断。

一种标准越复杂，思考起来也会越困难。当头脑用快捷的方式处理复杂情况时，我们就会选择留在一个点上，停止想下去。在意识层面抄近道，我们会自动成为"低级信息的处理者"。

这时候，"刻板印象"就是一种稳定的"认知模具"。我们会简化框架，省略差异，套用"代表性"的见解或观念衡量事与人。

>>>

很多时候，穿黑西装、戴墨镜的壮汉，被当成"黑社会"；浓妆艳抹、穿着暴露的女性，被当成"不正经"的女人。

总有人说某个省骗子多、某个省小偷多；某个地区的人好吃懒做。这就是所谓的"地图炮"，将一个地区的人与特定的不太好的行为特征捆绑在一起。

很多人觉得女人总会更感性，容易感情用事，学理工科不如男人学得好。他们认为女人的职责是照顾家庭，嘴里总说"你一个女生打拼什么事业，早晚也是要嫁人的"。

这些常见的刻板印象，是对于某些人或事的概括看法。不难看出，这些描述中带有先入为主的观念，有可能是正面的，也有可能是负面的。某些形容词乍一听感觉挺有道理，仔细想想，却无法代表我们所谈论对象的实际特质。有些刻板印象甚至成了约定俗成的偏见。

>>>

为什么会有刻板印象？

丹尼尔·卡尼曼指出，人有两套思维系统。一套"慢系统"用来分析和判断，另一套"快系统"依靠直觉运行。[1] 在信息不充分的情况下，或者没时间细想时，人就会调动"快系统"。大脑的运行习惯让

---

[1] 卡尼曼.思考，快与慢[M].李晓姣，李爱民，何梦莹，译.北京：中信出版社，2012.

我们预先存储概念，并根据这些固定概念进行直接判断。

为了减少思考时间，提升思维效率，概括性的快思维就会将简单的想象塞进一个符号中，而简单的符号也会锁定某种属性。比如，孩子一眼就能认出动画片中的角色谁是好人，谁是坏人。刻板印象很肤浅，有时甚至显得可笑。虽然我们不再是孩子，但神经系统仍然为了高效地处理信息、方便地读取记忆，而为认知对象贴标签，将它们分类储存。

>>>

我们说到一些词时，总会有一些标准意象浮现在脑海中，比如谈论南极，就想到企鹅；谈到圣诞节，就想到圣诞老人；谈到日本或法国，就想起富士山或埃菲尔铁塔。我的同学来自西双版纳，大家都调侃他："你家里一定有一头大象。你每天骑着大象上下学，天气热了，可以让大象给你喷水冲凉。"

无论企鹅、圣诞老人，还是富士山、埃菲尔铁塔或大象，这些图像符号，都具有稳定的象征意义，勾起我们对不熟悉事物的想象。

>>>

认知中的代表性图像被定格在某一刻，它们轮廓清晰、边界明确。刻板印象，通常就是"快思维"通道的入口。快思维能调动回忆，自动联想，让我们走上认知的捷径。在难以把握的动态世界中，模式化的概念可以让我们快速地抓住一些东西。我们似乎拥有了确定性，还会认为自己的头脑十分清楚。

不过，这种便捷的认知存在明显的隐患。一旦认知固定，我们就会被这些认知所限制。刻板印象提取了事物的一种可能性，却忽略了其他可能性。快思维导致的一个后果是认识的笼统化。约定俗成的词语就像个筐，什么人或事都可以往里装。当我们用一些词语讨论一群人，比如"渣男""油腻男"或"作女"，我们都只是在谈十分宽泛的印象。比如，男人自我感觉良好、爱发脾气、油嘴滑舌、吝啬、心胸狭隘、喜欢干涉伴侣生活……这些都被统称为"渣男"。"渣男"到底指什么？有些人会说："只要'我认为渣'的，通通归为'渣男'。"

>>>

我们谈论年轻人时，会因为羡慕年轻，将很多优秀品质或我们所期望的内容寄托在年轻人身上，认为年轻人勇敢、热情、朝气蓬勃、乐观、好强。而在另一些情境下，不太年轻的人为了倚老卖老，又把"年轻"简单地理解为幼稚、莽撞、冲动的代名词。

>>>

在快速思考的情况下，标签简化了认识，也造成了极端化的情感效果。如果认定为"好的"，就无条件地爱；如果认定为"坏的"，就无条件地恨。

当我们将一些人定义为"坏人"，甚至"恶魔"时，我们就总是冷酷而不留情面地对这些人施加"暴力"。一旦有了定性的标签，我们的情感就更鲜明，对于"坏人"的"仇恨"就有了简单而明确的依据。而"坏人"的内在层次一旦丰富，就不容易支撑我们的"恨意"。在敌人或坏人的旗帜下，人们被迫按照刻板印象的标准"选边站"，形成相互怀有敌意的族群或阵营。

《刻板印象》一书中提道：“我们生来戴着有色眼镜，同时又遭受着各种偏见。”[①] 对“我们”来说，另一群人——“他们”非我族类，不值得浪费时间仔细分析。而“他们”看“我们”也同样如此。接触越少，认知细节越少，隔阂越深，对彼此的刻板印象也就越来越稳固。

>>>

如何拓展狭窄的思想范围呢？

大多数时候，我们都是假装“知道”。我们通常只是以为我们“理解”了，实际上存在大量的理解偏差。我们没有仔细分析，只是快速略过。如果不想落入自动判断的陷阱，我们就要多点耐心去辨析。刻板印象包含太多未经分析的内容。词语或现象一旦被仔细审视，就会变得可疑，也有可能突破原有的含义。

>>>

比如，“剩女”的说法大行其道。这一方面说明大龄未婚女性增多，另一方面也隐含了一个评价标准：女性要趁着年轻嫁人。很多人认为过了一个年龄（年龄标准很不固定），女性就成“剩女”了，她们处境悲惨，无法自主选择。可是，我们知道“剩男”的数量同样可观，却很少成为被讽刺的对象，因为很多人认为男性拥有更广阔

---

① 斯蒂尔.刻板印象［M］.陈默，译.北京：民主与建设出版社，2021.

的选择空间，他们是在主动挑选，而不是被动"剩下"。

又比如，"妈宝男"意味着男性成年之后，还对母亲言听计从。它隐含的意思是"男人如果不够独立、依赖他人，就不是好男人"。相反，"妈宝女"的说法并没有流行。因为"乖女孩"的形象具备很多人所期许的"女主内"的性格要素。

只要注意到"剩女"或"妈宝男"之类的词语用法的指向性偏差，我们就解构了一部分约定俗成的刻板印象。

>>>

另外，为了摆脱刻板印象，我们需要关注个体，更多的细节会让认识更丰满。

有人认为中年妇女受困于家庭，总是唠唠叨叨，纠结琐碎小事，有点神经质。但只要结识几位充满魅力的中年女士，就可以破除这样的刻板印象。

在大众媒体上，更多有自觉意识的人积极发声，也会有助于刻板印象的消解。

例如，某位韩国女演员表示，如果一定要有人演没有台词的韩裔妓女的角色，她就去演。

"如果摄影机扫过我的脸，我会让你停下来思考，这个角色的生活中发生了什么。哪怕仅在这一秒钟引起了你的注意，然后你继续看那些欧洲裔角色。"

让欧洲裔观众意识到"韩国人不止于此"需要有个过程。打破刻板印象，就是从点滴细节开始的。

>>>

为了摆脱刻板印象，我们要从学会忘记开始。正如爱比克泰德所揭示的："一个人不可能学习自认为已知的东西。"在任何时候，"忘记所知"都是让创造力自由展开的前提。看到一件事情，不要马上做判断，而是问一句"真的是这样吗"。获得更多洞察，就需要暂时忘记自己熟悉的模式，把通常的联想"陌生化"。一切创造性活动的开始，不是"理解"，而是"不理解"。①

例如，俗话说的就对吗？可能不太对……但也可能对。孩子一定都是纯洁的吗？良好的生活是无忧无虑的吗？没用的就不好吗？

词语的确就是思想。如果一个人的词汇匮乏，思想也不会广阔到哪里去。内涵干瘪的信息长时间流转，就会让思想枯萎。如果一个人的词汇量不够，表达也会受限。为了加强表达效果，"词汇不够多"的人更会倾向于加强语气，强化一种简化的判断。这也是思想贫乏的标志。

>>>

刻板印象能帮助我们提升认知效率，也有可能让我们掉进简化的"坑"里。如果我们经常选择捷径，就会过于依赖刻板印象。人们

---

① 莱斯基. 创造力的本质 [M]. 王可越，译. 北京：北京联合出版公司，2020.

喜欢快速下结论，认为"不过如此"无非是懒得多想，直接把熟悉的道理装进一个现成的模子里。对于观念开放、擅长洞察的人来说，简单的事情绝不会像看起来那样简单。任何模式化的"印象"都是一扇大门。打开大门，门后藏着"不止于此"的复杂世界。

09 透过屋顶的破洞看银河。

视野的洞察

>>>

正着看，反着看；在里面看，到外面看；
退后一点看，往前一点看；现在看，过一会再看……

视野，是我们看事情的宽度和角度。视野不同，得出的结论不同。

>>>

为什么近看是悲剧，远看是喜剧？

因为随着我们后退，视野也在扩大。
最开始看的时候觉得"非它不可"的事情，过段时间再回头看，也没那么重要；
当初觉得严肃的事情，离远了看，可能也觉得荒诞、可笑。

你觉得丑的、有害的、无用的，从另一个角度来看，也许是好的。
"总觉得缺少什么"的匮乏感，也许体现了我们视野的局限性。
专业的视野，帮助我们提升效率，却也限制了我们的想象力。

>>>

那么就要走着瞧！边走边看，只要不断地向前走，我们的眼前就会有新的视野。
拓展视野之后，世界变得更宽阔，观念也随之变化。
随着视野的开拓，我们可以洞察更多。

长得丑，也是一种特色吗

09 / 1

>>>

朋友跟我抱怨："我最大的烦恼是记性不好。"

我说："就算一直抱怨，你的记性也不会忽然变好……再说，你记性不好，也不全是坏处。容易忘事的人心大、脾气好。"

记性不好的人见到一个关系不好的熟人迎面走来，可能觉得这人挺可恨；但如果忘了具体可恨在哪里，也就没那么恨了。虽然这话有点儿开玩笑的意思，但我也并非在讲歪理。

记性好的人心思细、思虑重，他们的皱纹可能都比其他人多一些。

记性不好的人重新看一部电影，总觉得是在看新片，会轻松拥有全新的快乐感受。

>>>

一件事情是好还是坏？这还真难说。

如果"一个人记性不太好"是事实，"记性差很糟糕"就是判断。

事实与判断，并非只存在一种因果关系。从另一个角度看，所谓的"缺陷"，并非都那么坏。视角不同，得出的结论也存在差异。

>>>

美国作家梭罗曾经对火车跑得太快表示不满，他提出疑问："我们为什么需要火车呢？"是啊，要那么快做什么？如果走得慢点，我们就能享受生活的细节。越来越快的世界中，凡事似乎"立等可取"，却也让人感到焦虑。

可是，快也不见得就是坏。当你感到痛苦时，时间仿佛就会变得很慢。你愿意长时间陷入痛苦吗？所以，你觉得日子过得快，说明你的日子过得还不错。

>>>

该如何判断事情是好还是坏？

庄子问："活蹦乱跳的斗鸡就厉害吗？"斗鸡的最高标准其实是"呆若木鸡"。比起虚张声势的鸡，看起来很"呆"的鸡在斗鸡比赛中反而更厉害。

老子有一句说法，叫作"吐舌露牙"。牙齿比较硬，看起来厉害，却容易坏。一个人老了，牙掉了，可是舌头还在。舌头看起来比较柔弱，反而更适合生存。

这二位表达的意思差不多：看起来厉害的，不见得厉害。是好还是坏？这件事并不那么绝对。

>>>

如果人人都说"好"，这种"好"就太普通。太普通的"好"缺乏存在感。如果想要个性，你就不会被大多数人认可。所谓"个性"意味着你需要打破"一般"的标准。换句话说，很多人不认可的个性似乎就是"坏"。

可是，不被很多人认同的独特性难道很坏吗？

好听的嗓音，几乎千篇一律。擅长歌唱的人，容易丧失有个性的嗓音。"破嗓子"更有识别性，嗓音破烂，有可能"破"出一种新的声音风格。

如果一个人的画作被众人称赞，未免俗套。如果画家的作品被评价为"丑"，它却是个容易被人识别的特征。再好看的书法作品也比不过历代名家的，写"丑书"或许更有前途。不过，字丑也得让它们相互匹配，最好丑成一套系统。

再说长相奇异的人，不要轻易去美容院。只要动了眼角或者鼻子，其他部位就越看越不顺眼，只能一起做整形与之配套。长得"好看"的人，不见得能占多少便宜。相貌奇异之人，反而让人过目不忘。

最好保持这样的心态：我留着这张丑脸，没准以后有机会当电影主角呢。

>>>

有人长不出头发，最怕周围的人提"秃"。笑话讲："外边的压路机一开，'突突突'一阵响，许多秃顶人士听到就崩溃了。"可是，也有自信的秃顶人士愿意展示自己的光脑壳，把锃亮的秃头当成自己醒目的特征。

很多把"缺点"当特点的人，视野更开阔，也更自信。

为了显得年轻，安迪·沃霍尔早早地把头发染成灰白色。然后他宣布："一旦你不想要某个东西，你就会得到它！"沃霍尔的逻辑在于：要显得年轻，最好给自己加上年老的特征。脸和头发不匹配，也成了他的标志性符号。

人人都怕长皱纹，演员树木希林却说："皱纹是我好不容易长出来的，为什么要去掉呢？"

她这样解释自己的特色："我的脸，应该就是在失误中诞生的。最起码，我算不上是美女演员。但是，我一直在努力发掘这一失误的价值。而且，在如今这个时代，失误造成的长相反而更加有趣、更受欢迎……我觉得就是由于我用好了这种失误。"

乐观的自我洞察，会让人更勇敢。能够自我调侃的人，往往更自信。

千万不要迷信唯一的标准。比如，"丑人"怕丑，总想修饰自己，往

"美人"的方向靠拢，结果越遮挡、修饰，反而越给自己惹麻烦，最终更丑而且丑得不伦不类。

>>>

事情坏到一种程度，有时候也是一种好。

初看难以接受的全新尝试，有可能带来有趣的转变。一个人身上没毛病，也没意思，因为一种缺点往往也是一种特色。看起来不怎么样的特点，也许是出人意料的礼物。

反转的视野，意味着好坏无绝对。反转的洞察，鼓励我们发扬自己的特点和风格，而不是随大流，追求一种平庸的"好"。

>>>

我认识的一位前辈艺术家，专门利用"偶然的错误"进行美术创作。当画布上有油彩流淌下来，或沾上了杂物时，这种被破坏过的画面，反而成了他所珍视的艺术特色。他说："作画失误了，更可贵。失误，帮我打破心里预先想好的创作框架。"

又比如，中规中矩的厨师，总是按照一种配料烹饪。为什么我们不敢随便炒菜，自己改造一下菜谱呢？加入一些菜谱上没有的配料难道不行吗？谁能说，这些菜必然是这样的呢？不正宗又怎样？

为什么要追求一种真正的标准、真正的书、真正的音乐，或真正的旅行？

如果我们锚定了一个认识的立场，从这个角度去看、去评价，只能筛选出单一标准下的好与坏。如果我们把标准定得过于僵硬，只会把好事从生活里赶出去。如果我们总在想："别人都幸福，为什么我不幸福？"这种想法都是自怜的。别人怎么想，你不知道；而你说不幸福，又是怎样评估出来的呢？

无论经历了什么，我们都可以选择看待事情的角度。因为，我们永远受限于狭窄的现实之中。只有接受了自己的局限性，才能充分认识不如意的境遇，化解生活中的挫败感。比如，出门玩，遇到下雨，坐在亭子里休息，看看下雨，也是一种情趣。

房子被烧毁了，诗人小林一茶却能写出下面的"以苦为乐"的俳句。

> 真美啊，
> 透过纸窗破洞，
> 看银河。

这首俳句的动人之处，在于境界高妙。"破洞看银河"与"万物皆有裂痕，却是光照进来的地方"，二者异曲同工，前者却更生动有趣。不过这也要看读者是否具备相应的欣赏情趣。

又比如，银杏果子虽然闻起来很臭，但是把它们洗一洗再烤起来，它们就是很好的下酒菜，要我说，银杏果子这一点点的甜头都包裹在恶臭之中。银杏果子让人喜欢吗？这取决于你如何加工使用它们。

>>>

对人生来说，如果有反向视野，也就是换一种方式看。换一种方式解释，就会有豁然开朗的觉悟：没什么大不了。如此说来，扩大眼界、增长见识，才有可能让目光不平庸，让人发现与众不同的美。追求纯粹或完美，反而让人做不出真正有价值的事情。如果只有一种"好"，那就总不会出现任何创造性的突破（想一想小林一茶的俳句，安迪·沃霍尔的白头发，画家利用油彩流淌失误的创作）。看起来"不怎么样"的特例，往往开拓了反向视野，启发我们产生创造性的洞察。

>>>

我们习惯性轻视或蔑视的事情，也许是好东西、好机会。如果缺少视角转换的能力，我们迟早会因为见识短浅而吃亏。也许明明得到了好处，我们还不知道呢。

为什么近看是悲剧，
远看是喜剧

09 / 2

>>>

有一天，老张牵着狗在街上走，一只兔子让他的狗失去了控制。狗追兔子，人追狗，狗丢了。为什么忽然跑来一只兔子？老张觉得自己太不走运了！

过了一周，老张发现一位美丽的女郎捡到了狗。不仅狗失而复得，老张还跟女郎结下了一段浪漫情缘。老张觉得自己简直太幸运了！

几周后，老张开车去接女郎，被闯红灯的另一辆车给撞了。真是太不走运了！老张被送到医院，检查结果显示身体无大碍，但他做脑CT时发现一个早期肿瘤，如果没有这场车祸就不会发现这个肿瘤。太走运了！

那么，老张到底是幸运，还是倒霉呢？

>>>

只要把时间线拉长，我们就会发现：事情还没到最后。好事也许引发了下一步的坏事，但我们不见得能有机会意识到。

只要没有走到最后，生活还在变化之中，我们就很难下结论。生活这条曲线在连续变化。如果身处其中，我们就没办法判断此刻究竟是好还是坏。

我们都喜欢说："祝你好运！"因为朋友们不希望听到任何"有可能失败"的话。

可是，如果诚实一点，我们就只能反复强调："你所期待的，并不是你所能拿到的。""与期待不符"的现状，也不见得是真正的结果。

>>>

我们甚至没办法深究"好运"对应着什么。你通过好运得到了这个，也意味着没有好运时你得到的也许是更好的另一个。世界恒动，你也动。到达地点，实现目标，也许很快，也许很慢；也许目标不见了，也许你因为选择"错误"，走到了一条更好的岔路上……

比如有个人，大学没读完就选择了退学，如何评价他的决定呢？

如果退学者后来成了成功人士，从后往前看，当年的退学刚好为他的伟大事业奠定了基础。如果他没成功呢？那他的行动就是冒失的，甚至是愚蠢的。

我们的视野局限意味着，我们更容易回过头，总结发生过的事情，并以结果为依据理解以前的生活，却无法"向前总结"。我们不知道未来的可能性究竟如何，因此终究难说好坏。

>>>

身处其中，我们总觉得：必须要这样。但过一段时间，回过头来看，可能发现并不是"非要如此"。

对生活，对社会，也是如此。抽离出来看，站在全局视角看，就不容易气急败坏，更能接纳多变的可能性。

就像果戈理说："如果你一直盯着一个可笑的东西，最终会感到悲伤。"

卓别林曾说："人生近看是悲剧，远看是喜剧。"

这两句话，包含着相似的道理。观察一个东西，时间长了或视野不同，观点也就不同。一些事情初看觉得可笑，看久了觉得悲伤。一些事情初看让人难过，把视野拉大看，在更长的时间线上看，也许它们就不再是悲剧，甚至成了闹剧。

见过世面，视野变大，人心也大。我们从自己的小世界走出去，走了一圈，就觉得小世界里面的事情，也不过尔尔。

>>>

有一个年轻的朋友跟我抱怨："太难过了！我好不容易找到了今生所

爱，却谈不拢，就这样分手了，我心里实在过不去这道坎啊。"

我说："你才 20 岁，认识一两个人，就认定为今生所爱，这种看法的局限性很大。

即便你们现在没分手，这个人就会跟你度过余生吗？大概率不可能。再过些日子，你多认识几个人，就不这么想了。

如果拉长了看，你眼前认定的'最爱'，不见得就是真的'最'。

过了几年，你看待人和事的视野会有变化，你的想法也会随之发生变化。浓郁的感情会变得淡漠，想不开的也总会想开。这样的变化，并非由于你的境界变高了，只不过由于见得多，视野就开阔一些。你在变化，你喜欢的人和事情也都在变化。你当时认为重要的，时过境迁，就不一定重要了。"

\>\>\>

一个年轻人拥有光滑的皮肤，俊俏的面孔。他感慨了一句："没法细看，比去年老了啊。"

我只能提醒一下："别看你现在看起来老了一些，明天，你会更老的。我不是在诅咒你，我说的只是一个事实。"

但是我也要强调，你此刻的光彩，仍然值得赞美。如果年龄大了，你脸上的皮肤不那么光滑了，你也不用惦记着永葆青春。毕竟，那一刻，仍然是你余生中最年轻的时候。

好比你吃进去的美食，明早都会被排泄出来，但并不能说刚吃的好东西等同于排泄物。好时光是好的，流年不利的时候，也不能说当初的好时光一钱不值。

>>>

害怕变化的实质是担心失去控制。

我们无法控制一切：我越来越老，人们离我远去；曾经重要的事情，变得不重要了……这些都意味着无能为力的失控感。

为了重新掌控，我们自然而然会祈求"不变"，祈求发生奇迹，让一切都停下来。为了控制一个人、控制时间、控制进程，让这些停在此刻，我们想办法施加各种手段。结果，就像手里握着一把干沙子，我们抓得越紧，沙子流失得越快。

>>>

只有放弃了控制一切的执念，才能迎接变化的新阶段。我们要接受"幸福"是个"内涵丰富"的形容词，而不是"恒定"的名词。如果幸福是恒定不变的状态，那么人类历史上，没有任何人曾拥有幸福。

我们认定自己不幸福，也许只是认知没有跟上，是我们的期待没有实现。所谓的失望，只是期待落空而已。

洞察到这点，我们就有可能辨析失望的"具体成分"。

有时候，失望来自期待不当；有时候，失望来自我们的能力不足，或者时机不对。

同一件事情，只要换个机会，也许就成了。看起来很坏的，可能很好；看起来很好的，可能很坏。看起来十分坚固的，说不定也容易瞬间崩塌。充满变化的万物让人充满恐惧，但也带来新的生机。因此，不要高兴得太早，也可以暂缓失望。所以才有这样万能的告别话："咱们走着瞧！"

"走着瞧"这句话很有力度，对得意的人、失意的人同样公平。

暂时失败的人，只要有奔头，就有希望。有人即便取得了成功，也有可能陷入迷茫。人生还很漫长，往后怎么办呢？生活又不会像电影里的情节那样，在我们的巅峰时刻终结。只要还没死，我们就要不断地往前走。

既然我们都在经历一个过程，为什么要一次性解决所有事情呢？或者为什么要为自己下一个定论？想要一次性解决所有事情的人，后来发现事情解决不了。想要下结论的人，却发现：情况已经改变。

>>>

遇到不顺心的事情，不要把它当成"绝对的事情"。避免将"逆境"绝对化，这大概就是所谓的"逆商"。

"逆商"高的人，遇到挫折会直接面对它，努力试着解决难题。成功地解决了难题当然令人享受，即便失败了，"逆商"高的人也会有所收获并坦然接受。"逆商"高的人，体验痛苦时并不绝望。他们总能再次尝试，主动去做点什么。

在变化的过程中，更好的策略是尽量主动选择。主动选择做一些事情，会让我们心里更踏实，对自己更有信心。比如，主动选择一个职业，选择一位爱人。变化还是会发生，可是在变化的过程中，至少我们采取了主动的姿态。

我们不知道下一步的好坏，可是我们仍然在控制自己，去选择做些什么。

主动选择，而不是被动改变，我们会从等待"命运降临"的无力感中走出来，乐观地参与生活的游戏。我们要享受"走在路上"的过程，而不是仅仅以道路尽头的结果论成败。

贫穷是否限制了我的想象力

09 / 3

>>>

以前有个笑话。男人下班回家，报告说："老婆，我今天没坐车，跟着公交车跑回来的，给咱们家省了 1 元。"

老婆却不领情，她说："你为什么不跟着出租车跑，可以省 20 元？"

有人可能当笑话听，但我知道，对很多人来说，这不完全是笑话。

只要"受穷"的记忆还在起作用，一个人就难以摆脱匮乏感的困扰。省钱是一种美德，而花钱总伴随着罪恶感。无论买什么，都会引起心理上的不良反应。家长总强调："你不要瞎花钱。"那么，什么叫"瞎花钱"呢？就我家而言，基本上只要花钱，就是"瞎花钱"。

>>>

小时候，我只有几元的零花钱，放学后绕着冰棍箱子转半天，也没舍得买一根吃。我爸爸总跟亲戚朋友介绍我的事迹。他的意思是：看看吧，我家孩子多懂事，以后会有出息。我记得家里以前总会囤积大量减价物资。为了避免浪费，我们经常从一堆苹果里挑选快烂的几个先吃掉。结果，好苹果逐渐变烂，而我们总在吃烂苹果。

有贫穷记忆的人，普遍存在"感到匮乏"的心理。匮乏的观念，让我们的认知视野变得狭窄，局限于眼前的"仨瓜俩枣"，而我们的行为也因此变得有些荒诞。

例如，我家总是在吃烂苹果，而不是享受好苹果。为了省钱，我家耗费了大量时间和精力，住在城东，却要坐车去城西买一些便宜的白菜（加上公交车票钱，其实没省多少钱）。

>>>

阿比吉特·班纳吉和埃斯特·迪弗洛在《贫穷的本质》一书中列举了穷人消费的倾向性 [1]，大多数穷人并非吃不饱，而是吃得不够健康，他们宁愿花钱看病也不愿提早预防；他们有钱后会购买电视、手机之类的消费品，而不是将钱用于投资和教育；很多穷人的孩子并非上不起学，而是不愿意上学，因为早点打工可以早点赚钱。

---

[1]　班纳吉，迪弗洛 . 贫穷的本质：我们为什么摆脱不了贫穷 [M]. 景芳，译 . 北京：中信出版集团，2013.

有的人借款意愿很强，他们办理小额贷款时却缺乏耐心，不愿意详细了解贷款利息究竟有多少，以及判断这种利息负担自己是否能够承受。

>>>

拥有这些消费习惯的人的共性在于：受制于匮乏视野，他们可能无法接受"延迟满足"（更在乎眼下的欲求），更别说为长期的收益或风险而调整当下的决策。

他们持续地担心明天怎么办，会不惜动用未来的时间、金钱，来满足眼下的要求。越是这样，未来可能遇到的问题就越多。如此一来，他们可能为了现在牺牲了未来，进而深深地陷入为现在"救火"的信贷陷阱。

>>>

按理说，只要我们摆脱了基本贫困，吃饱穿暖，有了一定的安全保障，"感到不够"的基本匮乏感就能得到缓解。可是，尽管生存的困扰不再紧迫，匮乏感仍有可能是藏在我们心中的"阴影"。它不会轻易退场，依旧源源不断地制造焦虑。穷人要摆脱基本贫困，也许不太难；但要跳出匮乏认知的怪圈，摆脱心理上的穷困状态，并不那么容易。

这就好比"穷"与"困"的区别。"穷"指的是物资方面的缺乏。"困"则是陷在艰难之中难以摆脱的状况。"困"除了描述物理环境，还与心理上的困境相关。匮乏是一种"拥有"少于"需要"的感觉。这么说来，匮乏的困境并不专属于穷人。只要受困于"不满足"的欲求中，我们就活在困境中，只不过"需要的对象"有所不同。

比如，缺乏安全感或对亲密关系的满足感的孩子，即便家庭条件不错，也要将自己放在忧虑的假设之中。他们过分关注稀缺事物，想要用额外的行动弥补内心深处"总是不够"的匮乏感。

>>>

"总感觉缺点什么"是一种综合性的感受。匮乏的心总有个空洞，人们要拿拥有物去填补它。"万事万物，都要跟我扯上关系。"人们感到缺少的并不是物品本身，而是一些标签、一些名字。"这是我的包，我的孩子，我的房子。"人们不断抓住东西，贴上自己的标签，让它们成为自己存在的证明。

从这个角度，我们就更容易理解消费主义的游戏规则。

总有一个声音在宣布：你"必须拥有"或"值得拥有"……如果没有，出现了"空缺"，就有了"匮乏"。而从消费者的角度：我花钱，我拥有，多么简单，多么直接！这套规则简化了人们摆脱匮乏，获得自我满足的过程。

>>>

"买下来"这个动作的确更有进取意味。至于买来的东西如何使用，反而没那么重要。

消费文化又催生了一套自动运作的心理机制：我积极地生活，我消费，我拥有主动权。

人们觉得难过时，购物就像一种药，使人们变得快乐。通过即买即得，证明自己"可以"，人们似乎能重获对自己生活的控制权。而一旦缺乏需求，就好比一个人的胃口不好，这是不健康的。

"我要通过拥有更多东西，来证明自己。我消费，我拥有，我有用。"如果一直这么证明下去，人们心中的匮乏感不会减少，反而会增加。买之前，某件东西有吸引力。买之后，匮乏感被暂时满足，人们又会重新感到无聊，于是重新寻找感兴趣的东西。人们总觉得：我的衣橱里永远缺少一件衣服，书柜里永远缺一本书，存款数字总少几个零……就这样陷入"我需要"却"不满足"的循环。"想要得到的"永远比"正在拥有的"更有吸引力。

>>>

人们总想在这个失控的世界中抓住一些什么。人们在拥有物中寻找自己，而"总是缺点什么"几乎是所有人的基本困境。萨特总结："现实的精华就是匮乏，一种普遍而永恒的欠缺，这个世界上一切东西都不够人们享用，食物不够，爱不够，正义不够，时间永远不够。"

人们对于"缺少拥有物"感到持续性的焦虑，总想试图抓住眼前的任何东西进行积累。占有钱、占有资源、占有知识、占有名声、占有爱、占有他人的注意力……在这个列表中，"钱"被提起的次数更多，只不过是因为比起其他的占有物，钱更容易计量、保存。

作为一般等价物，钱的象征意义在于可以随时兑换各种占有物。我们通过拥有某物，在世界上获得一个"位置"。因此，我们缺少的并不是钱或者拥有物，而是它们背后的幻影，即我们渴望却无法轻易获得之物。

>>>

我们为了拥有更多而不断地追求。可是,"拥有"究竟是什么?

我拥有一张桌子或者一本书,就可以随意处置它。书里的知识呢?
我怎样才能拥有它们?记住它们,又能永远不忘吗?又比如,怎样
才算拥有了爱和拥有了权力?我也要期待爱和权力是持久不变,"恒
温保鲜"的吗?

如果仔细分析,就会发现"拥有"是一个具有虚假性的概念。无论爱,
还是权力,我们所拥有的只是一个名字。为了维护这种名义上的占
有关系,我们必须使尽浑身解数。为了拥有爱,可能产生强烈的嫉
妒和担心分离的烦恼。为了拥有权力,可能要不断威逼利诱,通过
控制手段压迫他人。

这一切都是为了证明"我很重要,没我不行"。我们害怕失去拥有物、
惧怕匮乏,终究意味着害怕陷入双手空空,"什么也没有"的虚无。

因为,我们始终难以回答一个问题:"如果我是我所占有的东西,一
旦我失去了所占有的东西,那我又是谁呢?"①

>>>

对拥有与需要有所洞察,会帮助我们反省自己的真实状况。我的匮
乏感,真实存在吗?或者它只是一种被虚构出来的幻想?

---

① 弗洛姆.占有还是存在 [M].程雪芳,译.上海:上海译文出版社,2021.

现存的"拥有物",不再是我存在的"证明",我们还需要不断地重新证明,就像每天都要出去进行新一轮的狩猎活动,因为昨天取得的"猎物",已经失去意义。既然新的稀缺事物永远不会缺席,那么关于匮乏的判断,就取决于我们看待拥有物的角度。

>>>

如果不改变看待"拥有物"的视野,我们的生活就是看似丰富,实则贫乏,我们无法享受更深层次的快乐。反观那些幸福的人,并非他们拥有太多,而是他们有安全感。比如,在身体和心灵上得到过满足的人,就不会那么急迫。曾受到充分关注的孩子,不见得生活在富裕家庭中,却仍然觉得"什么都够用",会将匮乏感控制在合理范围之内。

当我们难以找到存在的意义时,我们就会频繁地伸手去抓,急迫地想要拿到更多,用占有物证明自己"并不虚无"。匮乏感太强的人,他们的渴望就像个无底洞,似乎永远也填不满。他们一辈子都在寻找别人的认可。

难道占有更多会让我们更有价值感吗?除非我们的心中有爱,不然填补匮乏的一系列行动最终也只是一场徒劳的游戏。

我们是否为专业的视野所困

>>>

我妈妈总告诉我："隔夜茶，不能喝。"

后来有一次，我问她："上午 9 点泡的茶，晚上 9 点能喝吗？间隔 12 小时，岂不是比我睡 8 小时还要长？"

虽然事实如此，我妈妈仍然重复她的老道理："你别废话，隔夜的茶，就是不能喝。"

>>>

我妈妈从来不愿承认一个简单的事实。对她来说，"隔夜茶"是个无法拆分的习惯性判断。

从小，她就拿各种类似的道理教育我。可是，难道从来如此的事情，就是对的吗?

冷眼看过去,这种理所当然并不少见。周围人的很多说法、做法,都充满禁不起推敲的习惯性。如果不加审视,身处其中,还真不见得能发现这些荒诞之处。

比如,我去餐厅,看见服务员上菜时,经常一边手握盘子一边吆喝:"菜来了,盘子烫,小心点……"如果盘子真的很烫,服务员就不会拿得那么从容。他喊这句话,只是出于一种服务习惯。无论盘子是不是烫,他都会这么喊一句。

>>>

顺嘴说出来,顺手拿起来,按照规矩做下去,都是惯性使然。长此以往,当工作内容或生活习惯僵化时,人的想法就容易受限于一套规则或流程。

我们每天按部就班地工作与生活,就像行为模式固定的机器人。在流水线上生产出来的也许是废品,可是站在流水线旁边的人仍然在坚持原则,日复一日地重复操作,恪尽职守。

如果跳出来,用另一种眼光去看,我们就会产生疑问:为什么要坚持这套规范呢?它有没有道理呢?

>>>

引申来看,所谓的"专业",也是一套道理、一套规则系统,但世界上并非只有一种道理或规矩,被称为"专业"的事物也不见得就有合理性，只是我们过于尊重"专业"的光环。

>>>

比如，孩子绘画，如果他们自由发挥，那么他们所创作的未经雕琢的作品，往往生动有趣。一旦经过专业训练，孩子们的作品就大多失去了灵气。"绘画培训班"的模式往往会终止孩子的自由尝试，让画面的线条变得生硬、死板，色彩显得油腻而刻意。孩子们掌握了一种"专业方式"，却忘记了绘画需要与世界保持交流，延伸自己的观察，进行自由的表达，而不是按照一种"对的"模式完成看起来专业的作品。

>>>

又比如，受过专业训练的主持人笑容很"专业"，发音技巧也很"专业"。

不过，一旦学会了运用共鸣腔的发音方式，主持人开口说话就很容易带上"假大空"的炫耀味道。如果一个主持人不懂得倾听，又不会营造沟通的气氛，他就只能用假惺惺的腔调尴尬地聊下去。"专业化"的声音，是按照一种标准打造而成的。对观众来说，这种缺乏个性的"专业"声音，反而是一种沟通的隔膜。

>>>

什么是"专业"或"职业"的视野局限？

在任何领域中，"专业"或"职业"都意味着一种标准或原则。

人们为了"看起来很专业",学了一些方法,但也可能因此掉进视野狭窄的"专业陷阱":"专业"的视野提供了一种答案,却屏蔽了更多的可能性。

当一个人持续地坐在某张椅子上时,椅子的位置就给了此人某种身份的暗示。任何行业都会给人暗示——行为规则、思想方式、解决策略等基于经验的判断,我们说得头头是道,却往往是看起来很对的"事情发生之后的显而易见"。

我们总想捍卫自己所学的专业方法,为自己擅长的方法辩护。为了让自己不荒诞,我们就要努力维护专业方法的逻辑,把事情做下去。"专业"的妈妈,要捍卫一套"歪理";"专业"的老师,也不想承认自己的知识盲区,还想教育别人。似乎只有自己的一套才是对的方式。

这就像南斯拉夫动画短片《学走路》①里的情节:一个人出门走路,本来走得很快乐。他迎面遇见一个人,告诉他应该这样走。过了一会儿,另一个人又进行了新的指导,告诉他:"不,你应该那样走。"这些关于如何走路的指导意见相互干扰,本来会走路的人,被"专业"指导之后,反而不知所措,不会走了。

>>>

非专业的反问,正是要打破这种"显而易见"——为什么文章要写得严谨呢?为什么要这么做生意?为什么要穿这样的衣服?为什么

---

① 《学走路》,1978年上映的动画短片。

要这样讨论问题？从外部视野提问，有可能引发我们对理所当然标准的反思。

比如，有一次我们围绕保险产品进行用户研究。年轻人告诉我，保险产品之类的东西，对他们来说只是一沓厚厚的说明书。年轻人说："保险产品看起来严谨、专业，可是我看不懂。不过这东西可能'就是不想让我看懂'。"

保险的价值是什么？在没有"出险"的大部分日子里，保险并不涉及赔付。对用户来说，保险带来的应该是"陪伴在身边，并随时提供安全保障"的感觉。可是，对大多数购买了保险的用户来说，他们并不会感受到保险的存在，也难以认知保险的价值。保险的存在形态，只是冷冰冰的一沓纸，除了"专业"，不包含任何有温度的感受。

保险很重要，但除了重要呢？我把这个反思告诉保险行业的高管，他们表示从来没想过这件事。保险作为一种产品，它存在的形态是否是理所当然的？如何让新一代用户感受到它的存在？高管告诉我，这的确是专业人士需要重新考虑的重要问题。

可是事实上，其他行业不见得好到哪里去。各行各业都在遵循着各自固化的专业习惯。

我在各种企业中开工作坊，为了让经理人有机会跳出专业思维，重新恢复到"业余的状态"，我带着他们去做陌生人访谈，在公共空间见识各种人：男人或女人，富人或穷人，热情的人或孤僻的人。一开始，经理人觉得跟陌生人打交道很难，可是一旦开了头，他们就会发现一切都很容易。他们得到的最惊人的发现是"这些人跟我们想象中的完全不一样啊！这些人居然会这样想这件事情，这些人对专业事物的理解，跟我们之前预想的完全不一样"。

其实陌生人始终在身边，而我们都活在自己的世界里、自己的逻辑里、自己的喜悦里、自己的恐惧里。

遇见不同的人，会让经验丰富的经理人从另外的角度反思自己的行动和立场。 一旦跟各种人聊天聊得多了，更加了解世界的多样性，我们就不会"莫名惊诧"，也会随时反思自己对人的判断是否全面。

问题不是"他们为什么如此奇怪，如此无知"，问题在于"我们了解的从来都不够多"。我们总把自己放在一个叫作"专业"或"职业"的圈子里，装出"我懂"和理所当然的模样可以让我们戴上面具，让自己显得像个思维正常的成年人。我们用行业内的暗号沟通并相互认可，以此获得职业尊严和专业感。

专业人士面临的最大障碍是自己。到了一定年龄、一定的职业级别，我们都不希望自己问出"低级问题"，或给出"傻气"的答案。良好的教育，让我们失去了好奇心。专业人士都想自圆其说，谁都不希望被人挑战。于是，我们的脸上通常挂着"我懂，你也懂"的微笑，作为默契的暗号。

"专业的人做专业的事"意味着将自己局限在专门的框架之中。这样做可能造成一种后果：当我们用一种眼光看问题时，我们看得越久，就越察觉不到问题的所在。

相比之下，外行的角度通常直观且有用，毕竟做任何事情一旦深入其中，就会成为"专业人士"。唯有若即若离，冷眼看过去，才能得到有趣的发现。"内行"都在一个轨道上，而"外行"在另一侧——在轨道之外。每个人都在自己的轨道上，很怕"脱轨"。可是，以发展眼光来看，现存的轨道都有可能消失。

刻舟求剑的老故事，其实就体现了"专业人士"的尴尬。"内行人"认真地记录了宝剑坠入河水的位置，等着以后再来打捞。他的认真是一种美德，可是时过境迁是现状。未来的到来永不停歇，我们如何应对呢？

>>>

要想有新的洞察，我们就不能用旧的视角。

《多样性红利》的作者斯科特·佩奇说："正确的视角可以使一个困难的问题变得很简单。"[①] 愚蠢的态度，对应着坚决捍卫一个专业观念并排斥多样性的状态。

而业余状态，能让人放轻松下来，想一想到底怎么了。用业余方式解决专业问题——这并不是狡猾的自圆其说，而是时代的真相之一。

专家才能解决问题吗？导师们拥有过去的经验，可他们能预测未来吗？

商学院的人说，教学要基于成功的案例库。过去的成功可以复制吗？

---

① 佩奇. 多样性红利［M］. 贾拥民，译. 杭州：浙江教育出版社，2018.

老人说："不听老人言吃亏在眼前。"这难道不是老人试图控制年轻人想法的说辞吗？

外行人用冷眼看见了专业视野之内看不到的东西。用业余的方式解决专业的问题，也打破了视野的框架，用跨专业的视野开启事物的另一个侧面。

当然了，如果我们一味地谈论大胆创新，也会因为"傻气的冒险"而成为未来的"炮灰"。我们要不断洞察、试探、改进，探索一条中间道路，一条兼具"命中率"和"可能性"的道路。我们要倾听经验，却不局限于经验。重要的是，如果在原有的轨道上行驶久了，不要轻易否定轨道之外的其他可能性。

10 见微知著，一叶知秋。

趋势的洞察

>>>

颠覆性的大变化，往往始于小征兆。

"圣人见微以知萌，见端以知末。"①

这句话的意思是，判断力强的人，看到微小的现象就知道事物发展的苗头，

见到事情的开端就预想到可能的结果。

"叶落知秋"与"见机而作"，也都在讲"见微知著"的洞察智慧。

可见，判断事物未来发展的可能性，要从细节开始。

>>>

洞察趋势，帮我们识别未来的机会。这个机会是真是假？

过往的数据仅仅反映了已经发生的事实，人们鲜活的行为，为我们带来改变

的灵感。

追求潮流，有可能被潮流冲走。

我们看不懂的，有可能最有生命力。那些过时的，还可能流行回来。

>>>

既然不存在纯粹的真理，那就没有一劳永逸的解决方案。

轻松得出的结论，最有可能不堪一击。

在不确定性的时代中，我们要持续迭代，反复思考。

---

① 出自《韩非子·说林上》。

为什么总在明亮的地方找钥匙

>>>

如何开好一家小书店?

一位独立书店的老板陈述了他的理念:"我的书店还是要回归本源,我要做一个纯粹的书店,书的品种齐全,体现专业性。"

我回应说:"你的观点不见得是错的。可是,你想过吗?从顾客的角度看,你的书店有什么不可替代的特点吗?它为顾客解决了什么问题?所谓的专业性如何体现?"

这些问题的答案都在不断发生变化,而且答案会因人而异、因店而异。

>>>

作为独立书店的老板,他情怀满满,无可厚非。不过,从商品销售的角度来看，网上的图书品种更齐全、价格更优惠，物流也很快，如果独立书店仅仅销售品质无明显差异的标准化商品，商品价格又比网店的高一些，顾客为什么在你的小书店购买呢？

一旦顾客进店只看书，不消费，老板恐怕要大声抱怨："这是文化的悲哀啊！偌大一个城市，容不下一个书店？"这样感叹下去，即便让人同情，也无法让书店的生意更好。

>>>

无论如何，书店从根本上还是一种生意。至于"书店是什么"这种问题并没有标准答案。任何商店都需要提供特定的产品或服务，让顾客消费，才能延续生意。具体来说，顾客关心：你准备了什么商品？它提供怎样的独特价值？我为什么要为此花钱？

而独立书店的经营者似乎更喜欢这样提问：我们擅长什么？我们应该提供什么？

二者的差异在于，从什么角度提问，又想在什么区域寻找答案。

>>>

这就好比，醉汉在灯下寻找丢失的钥匙。

"你的钥匙真的掉在这儿了？"他的朋友问。

醉汉指着黑暗的远处说："在那里……"

"那你为什么在这儿找？！"朋友问。

醉汉回答："笨蛋，在路灯底下，我才看得见呀！"

>>>

为什么醉汉在灯下找钥匙？只是因为路灯下比较明亮，只有在明亮的地方，他才看得见。

我们是不是也在路灯下找答案？这个故事揭示了一种倾向，即我们总是用熟悉的思想方法，探索"看起来知道"的部分，在习惯的灯光下——如同在熟悉的思维框架下、明亮的"舒适区"（comfort zone）中搜寻显而易见的论据，论证早已成型的结论。如果遇到不符合预期的现象，干脆予以排除。

这也意味着：只要手里拿了锤子，我们就会去找钉子。当捍卫自己熟悉的价值领域时，我们下一步的决策就会带入"已知"的偏见。

>>>

书的价值是什么？当谈论书的价值时，我们不仅要考虑书的意义，还要关注人们如何使用书。

人们读书，有时为了寻求知识，有时将其当作娱乐；有时为了寻求安慰，有时为了寻求实用的方法，比如赢得竞争，得到升职空间的方法，或者学一点恋爱和烹饪的技巧。

有人读书寻求哲思和诗意，也有人拿起书只是装装样子，拍拍照。

有人在自己家里摆满书，只是用它们来点缀房间，把书当成一种文化装饰品。

买书的人，不见得都是为了读书。我们读过的书，也不见得都读懂了。那么，书是刚需吗？对有些人来说，书是精神生活的象征，是"不可替代的"。可是，作为实体的书，不再神圣而稀缺了，因为当代人获取信息的方式太多，况且若只谈知识的传播速度，实体书算是最慢的一种媒介。

>>>

开书店的人认为实体书和书店不可替代，这也只是书店主人的一种执念。

这就好比，有人宣布："只要是人，就必须吃饭。"这听起来似乎不错。如果"饭"指的是米饭、馒头等碳水化合物的主食，人们已经吃得很少了。我用菜、肉代替了饭。因为我认为，菜和肉是更好的"饭"。尽管碳水化合物的主食曾经提供身体所需的大部分能量，但它现在的竞争对手，并不只是另一种主食。

开办公司，要租用写字楼，很多人认为这是刚需。但最近这些年，很多公司都不准备那么多工位了。公司需要的，并非办公空间，而是聚集在一起办公。因此，写字楼的竞争对手，不仅是其他的办公楼，还有能够满足聚集办公需求的其他产品，比如共享空间、咖啡店，甚至远程工作软件、虚拟会议室。

>>>

那么，书店的价值是什么呢？

书店曾经是专门分发知识的空间节点，但现在提供知识或信息的主体不再是书店，甚至书也不再是知识的主要载体。书店仅仅是由实体书组成的文化空间吗？它不仅仅提供书和文化。一家书店的竞争对手，也不再仅是"其他书店"。

在某种程度上，如今的书店与咖啡店更有可比性。它们都是介于工作空间与生活空间之间的"第三空间"。书店让人们度过一段休闲时光，提供的是空间与时间的双重价值。

在大学校园中，书店是学生自习、活动的公共空间，同学们在书店写作业、聚会、打发时间。

在市中心、商业区内，市民约在书店会客并谈事；游客则通过书店了解这座城市的文化和特色，获取当地最新的动态，购买纪念品。

在成熟的居民小区周围，书店以家庭为主要服务对象，顾客是带着孩子的爸爸妈妈、爷爷奶奶。对亲子用户而言，社区书店的价值堪比课后补习班或游乐场。家长在这里带孩子，亲子度过一段休闲时光。

>>>

那么，书店的经营者就应该思考，如何让拥有不同诉求的顾客获得更好的访问体验，并为体验付费。如果顾客将书店当成打发时间的社区空间，如何让他们为时间付费呢？如果亲子用户是书店的顾客，书店如何设计出帮助孩子成长的空间？如何设计出更好的亲子文化体验？每家店的位置、顾客不同，需要回答的问题也有所差别。

>>>

作为任何一种生意的经营者，都不该自说自话，而是要贴近顾客的理解方式，关心顾客的所思所想。

所谓定位价值，就是在产品或服务的提供者与用户之间，找到一个合适的位置。为了把握趋势，我们还要反思产品的核心价值是什么，追问这种价值的独特性，以及可持续性。

>>>

很多网红店开业，在火了一阵之后，就难以为继。开店快，关店也快。究其原因，是所谓的"网红店"追求不同以往的新产品和新环境，却没有能力持续地提供"新奇价值"。

如果网红店的核心价值只是"新鲜"，就只能不断地用今日的"新鲜"超越昨日的"新鲜"，努力让现在的"新鲜"变得更新鲜。如今的潮流难以捉摸，流行周期也在变短。一旦主打新鲜的店变得不那么新鲜，它就会被顾客抛弃。立足于"新鲜"的价值定位，恐怕难以为继。

>>>

奢侈品品牌纷纷入驻短视频直播平台，模仿"网红"模式，搞社群营销。

不过，"高贵冷艳"的高端品牌如果也高调直播，为了提升热度而四处彰显存在感，就有可能显得"格调不高"。

奢侈品品牌，需要让顾客保持相对稳定的"高级"认知，也需要保持一定的距离感。在定价方面，奢侈品非但不能轻易降价，还必须以稳定的步调不断涨价。

奢侈品品牌需要与顾客保持沟通，但沟通的风格不能太"接地气"。如果品牌方经常搞出热门话题，又卖力气打折去库存，品牌的幻想功能就会被削弱，品牌也会失去影响力的势能。如果缺乏"稀缺感"的价值支撑，就会让顾客产生"大牌卖出地摊货"的失望感受。

>>>

产品价值并非固定不变的。价值因时而谈、因事而论。如果离开具体的时间、地点和人物，评价需求和价值就没有着力点。

这就好比，如果比较油和水的价值，我们都会认为油比水贵多了，尤其是石油非常有价值。可是，当一个人被困在浩瀚的沙漠之中时，他需要油吗？他当然觉得水更有价值！这时候，多少油也无法与水相提并论。尽管一般来说，油的价格高，但如果我们身处一些严酷的境地，油就是废物。

>>>

因此，价值不是靠事物自身来呈现的，而是依托于周边环境、他人以及社会的认定。价值是在特定交换的过程中体现的有用性。如何开书店、开奶茶店，或如何经营奢侈品店？做任何生意，都没有标准答案。洞察某个生意，需要盯着它的关联性因素，关心顾客如何识别产品或服务的价值，顾客处在怎样的位置上，会拿这个产品或服务做什么。

>>>

无论开书店、奶茶店，还是经营奢侈品店，任何产品或服务的价值，都需要独特而可信。

同样叫作书店或奶茶店，由于区位、经营方式、顾客使用方式等因素不同，每个店的价值差异都很大。

如果跟风模仿别人做生意，以为自己找到了门道，其实缺少可信且独特的洞察，这门生意也就没什么独特价值。换个角度来说，真正有独特价值的生意，不仅占位独特，价值还很难被挪用、模仿。另外，有生命力的生意，一定能与顾客保持对话，随时洞察顾客情感与行为的变化趋势，如此才能实现与顾客的共同成长。

为什么当地司机
比统计局更懂现状

10 / 2

>>>

我去某开发区出差，打车时遇到一个老司机，他为我讲述这附近的最新动态。他指着道路两边的招牌说，这家工厂的生意不行，那家公司的生意不错，某某工厂的生产与销售处于半停滞状态等。这位老司机的判断依据，就是每天接送乘客上下班得到的信息。

在路口等红灯时，他又跟我讲："如果这个路口堵车，那咱们开发区的生意就好起来了。"

老司机每日都会更新发现，这比统计局提供数据的速度更快。他的结论具有高度动态性。他甚至可以通过特定场所的人群活跃情况预测近期的经济状况。

我去过很多城市，通过跟当地司机聊天，了解了不少城市的最新动向。他们的介绍让我快速理解这个区域的情况，比媒体上的报道直观得多。各种现象、说法，都是藏在城市毛细血管之中的细节，看起来不起眼，却透露出正在发生的变化，以及未来发展的端倪。

>>>

如何判断趋势的变化？

有些经理人告诉我："我们拥有大数据，掌握海量数据，就可以清楚把握趋势。"

但是我们都清楚大数据有怎样的局限性。我们要求大数据的来源具有全局性、准确性、即时性，兼顾多样性，这种理想化的数据收集其实很难做到。即便做到了，数据统计也是抽象的，人们很容易忽略复杂多样的细节以及具体的征兆，进而得出错误的结论。如果我们想要了解某个区域是兴盛的还是衰败的，最好的方法是到那个区域的街上散步，跟司机或当地人聊聊，而不是盯着数据报告。

>>>

美国统计学家纳特·西尔弗的专长是分析棒球比赛数据以及预测选举结果。此人是大数据专家，却提出了对数据的反思：数据究竟是对于我们的未来有所帮助的信号，还是毫无意义的噪声？[1]

在进行棒球比赛分析的时候，西尔弗注意到了球探的工作。为什么

---

[1]　西尔弗. 信号与噪声：大数据时代预测的科学与艺术 [M]. 胡晓姣，张新，朱辰辰，译. 北京：中信出版集团，2013.

美国职业棒球大联盟的数据非常详尽，球探的工作却仍然无法被数据取代？他给出了答案：大联盟数据系统的判断依赖的是历史数据，而球探除了看历史情况，还更注重现场判断。"球探在现场观察球员的动作细节，并通过细节了解某位球员的信念感以及专注力。"

"信念感以及专注力"这个观察指标十分抽象，数据系统无法测量它，可是它对预测球员的潜力是至关重要的。研究者需要亲临现场关注球员的动作细节，并通过洞察他们的临场反应得出预测性结论。

如何判断某项生意的前景趋势呢？很多投资人的说法跟球探的工作方式异曲同工。

一位投资人告诉我，为了准确判断某个熏酱连锁项目的生意，他要挑几家门店看数据，再选几个时间段考察几天，计算客单价、销量、销售利润。此外，他也看重消费者的反馈细节。比如有一次，消费者的一句话打动了他："穿着睡衣就能吃！"在观察了周围人的"吃相"之后，他下定决心投资：这种品牌熏酱食品，你说它低端，但是它迎合了大量中小城市的市场。有了一定的群众基础，这种食品还可以得到进一步的开发，有机会开拓更多的消费场景。

>>>

如何识别用户未被满足的需求？如何预测一种商品的未来？

投资机会并不会直观地摆在桌面上，被所有人看见。也不要只是根据"尽调报告"指点江山。

尽管市场数据十分详尽，但它也仅仅体现了既有状况，并不包含更多的灵感。消费者的动作细节包含大量偏好、顾虑、偏见。洞察的任务，就是从不起眼的细节中找到一些改变的可能性。

比如，有数据表明：老年人并非科技创新产品的典型用户，他们对科技产品的购买率很低，似乎对科技产品不感兴趣。

家电厂商因此得出一个结论：老年人并不是新锐科技家电的目标用户。这样的分析听起来很有道理。有人因此下了结论：年龄大的用户不喜欢"华而不实"的科技产品。

可是，我们研究了老年用户的消费习惯，通过观察细节，我们发现高收入、高文化背景的老年人群体非常有可能购买新潮的家用电器。只不过，他们的消费决策需要一些先决条件。

第一，要有可信的朋友或家庭成员引入并介绍产品，为老年用户打消顾虑。比如，某高级榨汁机的操作并不复杂，一学就会。可是如果没有熟人一起操作，老年人根本不想尝试操作。老年人担心搞错流程，手忙脚乱，显得很"蠢"。熟人在旁边介绍并共同探索，就打消了老年人对于尴尬的顾虑。

第二，老年用户更需要"眼见为实"。在熟悉的环境里，让老年用户亲眼看到产品的实际效能，会有力地推动他们的消费决策。比如，某种扫地机器人收集到了很多灰尘与杂物，老年人看见机器人居然可以从自己家的柜子下、沙发的角落里，收集到这么多污垢（而他们每天清理，也没见过这么多），很快就喜欢上了这种新产品，并买下一台。

从数据上看，老年用户的科技产品购买率不高。可是，销售数据只说明"现状",并不展示潜在的机会,以及改变现状的可能性。数据无法替代真实的细节,而用户细节包含人们情感的微妙部分。用户的一举一动,包括迟疑或犹豫,都有可能意味着全新的商业机会。

>>>

又比如,从数据上,我们知道城市里养宠物的年轻人越来越多。一位养猫青年说:"猫有时候像朋友,有时候像孩子。"我们了解到一个现象:随着城市人口出生率的下降,在家庭中,猫、狗等宠物代替了"孩子"的位置。

城市青年把宠物当孩子养,这是个事实。可是这个对于趋势的判断,对投资人以及生意合作方缺乏直观的打动力。通过调研,我们整理了更丰富的用户洞察描述。

养猫青年张点点发现自己的猫偶尔呕吐,掉毛量也变大了,他为此感到担心,想搞清楚发生了什么。张点点尝试在不同平台上寻找答案,发现关于病症的描述差异很大。他很迷惑,不知该信哪个。

张点点去宠物医院,医生答复说:"换季正常现象,再观察看看吧!"

在观察期间,张点点心里没底,他感到焦虑,希望获得更翔实的及时反馈,又想避免不必要的开销。

从这个描述,我们看到的是一个"活的"用户。养猫的"张点点"有血有肉,他不是统计表格中的一个数据。

宏观资料表明:宠物的食品、宠物美容、宠物家具、净水器、宠物寄养、代喂等产品和服务，都有很好的投资前景。更丰富的用户细节，让决策者对"养宠物"现象有更深入的理解：用户在宠物身上消费，只是行为表象，更值得我们关注的是年轻人在宠物身上倾注的时间、精力、感情。要站在具体用户的位置上，思考如何"像养孩子一样"照顾宠物的一切。细节丰满的洞察，为投资决策提供了扎实的依据，让投资人或管理层更有信心，也为后续的产品研发找到了切实的定位标准。

>>>

此外，用户细节往往包含人心中不变的倾向性。如何在变动的趋势中把握不变，有可能成为企业决策的关键。正如杰夫·贝佐斯所说："总有人问我未来 10 年，会有怎样的变化，但很少有人问我，未来10 年什么是不变的。我认为第二个问题比第一个问题更重要，因为你要把战略建立在不变的事物上。"

虽然未来难以预测，人心中不变的特质却可以把握。"历史不会重复，但会押韵。"在相似的趋势条件下，人们的情感、行为形态换汤不换药，它们会换一种方式，再次出现。

例如，在经济下行的状况下，消费领域有什么机会？ "口红效应"告诉我们，在经济不景气的时期，女性消费者会购买更昂贵的口红。"口红效应"在不同的历史时期都已经得到验证，其普遍适用性在于：即便有收入降低的预期，人们仍然会购买奢侈品。只不过，消费者会购买"对其可用资金影响较小的商品"。具体来说，消费者会选购更好的口红，而不是便宜的皮大衣。

>>>

在经济下行的时期，人们不愿花大价钱"买大件"，但想让自己开心的愿望一直存在。口红之类小巧的日常消费品，可以随身携带，花不了太多钱，却能让自己开心。"高级口红"暗示了一种高品质的私人生活，具有慰藉心灵的象征意义。

>>>

我们注意到在网络讨论中，也涉及与"口红效应"相关的话题：在预算有限的情况下，哪些好东西会让人的幸福感有所提升？

>>>

网友推荐的商品从万用去污剂、平底锅，到水晶跳绳、3d 鞋垫、电动牙刷等。琳琅满目的商品的相似点在于：它们虽然价格略高，却与我们日常生活的舒适感有关，让我们切身体验到价值感。

>>>

在生活用品中，湿厕纸、婴幼儿专用纸之类的高端纸品，已经是一些家庭的生活必需品。针对"肌肤护理""厨房料理""特殊护理"等不同使用场景，有不同的专用纸。升级的纸品意味着人们的"触摸"消费在不断地升级。美发、美甲、按摩、SPA 保健之类的"放松生意"都有所增长，香薰、香氛之类的"嗅觉商品"也有突出的市场表现。这些商品或服务的共同点在于与消费者的身体有关。人们为"悦己"而消费，通过"小贵"的"消费升级"让自己获得情绪和身体上直接的快乐反馈。

又比如，名为"盲盒"的文化产品正在流行。消费者用几十元，买个貌似"没用"的盲盒，其实也就是在消费一种惊喜和期待。盲盒类产品的消费门槛低，消费者购买、打开商品的过程也具有一定的仪式感。盲盒类产品具有很强的社交属性，朋友们都有机会参与购买盲盒的讨论，产品本身又便于相互分享。

>>>

在类似于"口红效应"的趋势下，消费品的市场机会，还可以有更多。

升级中的"昂贵小物件"，都有可能成为提升生活品质感的"口红"。在这种消费趋势中，大家的预算虽然有所减少，但大家对生活质量的要求并未降低，甚至在朝"奢侈"的方向转变。

>>>

在消费市场上，未来会发生什么？

乔布斯曾经否认市场调查的可用性。他说："在我们为消费者展示产品之前，他们不知道自己需要什么。"可见，看懂消费者到底需要什么，与跑去问消费者需要什么，实在是两回事。

当我们提问时，消费者只诉说现状，不负责预测；而我们也不可能超越既有的经验，只能立足于现有的细节，分析消费现象的微妙之处。

为什么难以有更深入的洞察？我们所拥有的信息并非太少，而是太多，以至于对于用户的研究浮皮潦草。我们做了很多研究，却很难注意到"有意义"的细节。(例如老人买高科技产品的决策过程、猫主人的困惑,或广泛存在的"口红效应"。)

我们需要思考这些细节意味着什么。细节的意义是带来启发,而不是验证我们的看法。

为什么反潮流最终也会变成平庸

>>>

无印良品，顾名思义"没有品牌的优良商品"。这个品牌的商品包装简约、朴实无华、注重环保、提倡"合适就好："、主张"回归生活的本来面目"。

在消费主义盛行的日本泡沫经济末期，无印良品"去掉品牌特征"的关键操作，与大部分竞争品牌炫耀、夸张的形象形成了鲜明对比。从 20 世纪 90 年代开始，"审美反转"的无印良品就像一股清流，获得了日本消费者的广泛认同，并在世界各地取得成功。

>>>

洞察社会文化趋势，在文化、艺术或商业领域，我们都可以看到一种"往复循环"的趋势性规律。

一旦可选的商品多了，消费者感到不堪重负，就会反思"我究竟需要什么"。在狂热地囤积物品后，人们会转向"断舍离"的朴实生活。大家一度偏爱色彩浓艳、热情盛放的风格，接下来就可能走向相反的另一端，以黑、白、灰为主基调的"冷淡风"设计有机会大行其道。

无印良品用"去掉品牌特征"的主张对抗"过度品牌化"。在众生喧哗的年代，朴素而简化的品牌策略，非但不"老土"，反而体现出卓尔不群的先锋意味。

时间到了 21 世纪的第二个 10 年。中国的"新中产"家庭厌倦了家居市场上的"假欧式"浮夸风，无印良品的"质朴"美学，刚好成了"新中产"家庭寻求身份认同的新归宿。"反品牌的品牌"居然成了受人追捧的"轻奢"品牌，一度十分流行。当然，任何策略都不会持续奏效。在简单与复杂中间，还存在着各种可能性的灰度。过不了多久，消费者又会对"冷淡"风格感到"审美疲劳"，再次酝酿审美的新反转。

>>>

"物极必反"式的趋势演变，同样发生在牛仔裤的流行文化史中。19世纪中期，牛仔裤诞生于"淘金热"时期的美国旧金山。当年淘金者的工作环境异常艰苦，他们没条件洗澡，更别提换洗衣服。吸汗、结实、耐用等特征让牛仔裤成为理想的劳动服装。20 世纪 30 年代，随着西部片的流行，牛仔裤走进城市人的视野，向时尚领域进发，成为一种时髦的新锐装扮。到了 20 世纪 60 年代，"嬉皮士"用牛仔服装隐含的"野性"风格（强健、有活力的），表达他们那一代人的反抗情绪与颓废色彩。

从淘金者穿的工作服，到西部片明星的装扮；从嬉皮士的心头爱，到现在全世界都接受的一种普通装束，牛仔裤叠加了各年代的文化要素。要知道，在牛仔裤的诞生年代，19 世纪的欧美女人如果穿裤子而不是穿裙子，那就是一种违反社会规则的行为。现在呢？一条牛仔裤，即便被故意抠出许多破洞，布料被不规则地漂白或泼上各种颜色，出现再多古怪的变化，我们也不会少见多怪。时至今日，牛仔裤曾经自由、反叛的文化内涵，几乎消失殆尽。

>>>

通过牛仔裤和无印良品的案例，我们看到，大众普遍接受的一种文化"惯例"会被新出现的可能性挑战。一些勇敢的"另类"探索者开辟了新的道路，随着探索的深入，一种新锐风格终将打破传统风格的桎梏。原有的文化规则不断被冲击，直到做出改变。审美的平衡局面一旦被打破，背后的文化价值就会面临重新评估。当新风格的冲击力足够强大时，曾经另类的先锋作品，就成了新主流。先锋观念，就像牛仔裤一样，一开始不被认同，到后来随处可见，也因此逐渐失去了反潮流的锐气。

任何年代的审美秩序，看似牢不可破，事实上不断被颠覆者一再穿透。社会思潮与商业变革相互推动，旧标准被打破，边界被拓展，直到下一波的审美观念兴起，再来挑战前一波，如此往复循环。

>>>

在艺术领域，当年学院派的老艺术家看不上印象派的新画家，认为他们的作品草率如儿戏，不登大雅之堂。到了 20 世纪初，刚接受了印象派作品的艺术评论家又看不懂以马蒂斯为代表的新锐画家，认为这些画家的作品"野蛮原始、形象粗暴",简直就是"野兽出笼"。

接下来,轮到被称为"野兽派"的马蒂斯看不惯更新潮的下一代。马蒂斯曾建议毕加索不要展出新作《亚威农少女》,他认为毕加索的这幅作品是"有害的煽动"。同行艺术家也认为毕加索发了疯。可是众所周知,后来《亚威农少女》成了全球艺术界公认的现代主义代表画作。

在文学领域,我们记得,波德莱尔的《恶之花》诞生之初,遭到了普遍的猛烈抨击,引起了人们的好奇。当初,审稿人对纳博科夫的小说《洛丽塔》的评价是:"此作整体完全令人作呕……我建议把这本书埋在一块石头下一千年。"可是,这些"坏书"后来成了文学经典,在全世界流传。

>>>

具有穿透力的艺术新作横空出世,会挑战以往的审美规则。这些打破了既定规则的作品,往往让大多数人感到荒谬、滑稽、奇怪,一定会遭到广泛质疑,因为它们不是在试图"改良",而是在破坏原来的审美标准。

人们看不懂、看不惯,因为旧的观点无法解释横空出世的新作。正如保罗·亚顿所说:"如果作品非常新奇,你无法立刻喜欢上它们,是因为你没有参照物。"

>>>

画家凡·高生前穷困潦倒,他的作品没机会参加展览,更别说卖掉。

现在呢？凡·高几乎成了现代艺术家的代名词。没有人会质疑他所创作的天才作品的艺术价值。

凡·高的作品图案，甚至被印在床单、沙发套上；而不计其数的复制品，被挂在了世界各处家庭的客厅、卧室或卫生间的墙上。

又比如，日本设计师山本耀司，宣称要"炸掉"原来的欧洲时尚标准。他用新的设计质疑欧洲时尚界的共识：为什么女人非要打扮得花枝招展，像个洋娃娃一样？为什么需要那么多浮夸的装饰物？为什么要用华丽的衣服吸引异性的目光？

山本耀司设计的服装，用一种无国界、无民族、无性别的手法，破坏了被欧洲设计师主导很久的时尚审美标准；无论颜色、图案，还是凸显身体曲线的版型，都被刻意去掉了。很快（他比前辈艺术家幸运），山本耀司成了时尚领域的旗帜人物，世界各地的设计师都无法忽视这种创作观念的影响力。

>>>

大众所能接受的审美趣味，往往寻求平衡，不温不火，因此会趋于保守。少数人提出的新风格，通常是"老权威"所反对的，却有可能带来撼动大众审美平衡的"新风气"。这些与"主流口味"对着干的新风格，让人看不惯，但具有极端气质，往往也更有魅力。只要假以时日，一些"刺耳刺眼"的作品，也许就能引领新一代风气。观众曾以"没写完""画得不像"或"品味拙劣"为标准批判的一些作品，后来成了市场上令人赞不绝口的热门作品。

最后变成"大师"的反叛者，最初被称为"另类"或"疯子"。他们更勇敢，生命力更充沛，也没有那么多顾忌。就像苹果早年广告的台词所说，一些人看到的世界与众不同，他们以各种新的方式看待事物。

不过，过了几年，即便是最有力量的旧日先锋，也会沦为"疲软"的"老一代"。时间久了，新锐艺术的反抗精神会日益衰减，新锐艺术会从不可思议的创造物变成寻常的消费品。

>>>

比如，摇滚乐曾是反抗文化的代名词。摇滚乐直抒胸臆，勇敢追问时代命题，保持天真，拒绝妥协，追求心灵的真实表达。有人对摇滚乐评价道："就像一块滚石。"摇滚乐就像一块硬石头，它不服从的姿态，与坚持反抗的社会思潮有关。

什么是摇滚乐？如果我们现在讨论这个问题，已经很难给出公认的答案。进入大众艺术领域之后，摇滚乐的反抗属性越来越弱。摇滚几乎成了音乐风格的一种，或者仅仅是一种消费概念。在音乐传播的领域中，凡是感情强烈、节奏激烈、加入大量电吉他编曲的流行歌曲，都有可能被归入"摇滚"一类。

>>>

我们看到，无论牛仔裤、凡·高的作品还是摇滚乐，都经历了相似的大众化的过程。

一旦新锐艺术融入大众消费领域，被文化产业"收编"，被扩大规模量产，就成了消费风格的一种。

文化工业的传播，倾向于"使利润最大化"。大众化的产品需求大、利润高，产品周期也更长。

比起"小众产品"，文化产品越大众化，消费障碍越少。因此，成功的艺术作品，一旦被大众广泛认知，就总是变得乏味。最流行的产品看起来、听起来，都似曾相识。它们往往出自一种容易被大众认知的"模式"。从这个意义上讲，如果文化产品不够"平庸"，就无法真正流行起来。

>>>

可是，当我们洞察未来的发展趋势时，"反潮流"现象仍然值得重点关注。

对新一代消费者来说，"反潮流"仍然被视为一种很酷的选择。在大家都用无线耳机时，潮流引领者开始用有线耳机。当人们热衷于在线社交生活时，有些人逃离社交媒体，摘掉数字面具，去尝试没有数字化的"原始生活"。

一代人有一代人的艺术语言，新一代年轻人呼唤属于他们的新趣味。比如，摇滚乐的反叛地位被新一代的"嘻哈说唱"取代。"老摇滚"虽然不错，但年轻人说："那是上一代人的语言了。"

让人感到"不舒服"的新东西，往往是新的市场机会。一开始，"唱反调"的个例好像是"疯人疯语"；但到了后来，这些个例发展壮大，有可能开启艺术与商业的新篇章。

当我们预测趋势时，可以去大胆设想当下流行事物的"反义词"。比起让我们感到舒服、没有认知障碍感的作品，那些让我们紧张，甚至反感的作品，更有进一步探索的价值。

毕竟，未来最有可能焕发生命力的新趋势，大概率来自最初我们看不懂的萌芽。

为什么靠运气赚来的钱，靠本事又都赔回去了

10 / 4

>>>

很多人察觉到自己身体有了异常状况，就去上网搜索"我得了什么病"，越查心越慌，越查越害怕。

我们从网上搜出来的病名五花八门，甚至可能搜出某种"绝症"。可是这些答案，十有八九是无稽之谈。一种症状，对应了太多可能性。搜索引擎似乎给出一些答案，可是这些回答缺乏真正的依据，有可能让人白白紧张，也有可能耽误治疗时机。

如果去医院，我们遇到的医生水平也有可能差别很大。缺乏信心的实习医生需要翻看医疗手册，逐条核对。经验丰富的医生呢？他们可以针对病人的情况持续追问，甚至不需要做太复杂的检查，就可以排除或锁定病因。好医生的诊断依据并非只是症状信息或书上的知识条目，更多的是过往的综合经验，他们拥有更强的洞察力。

>>>

晚高峰时段，在城里打车赶路，如果我遇到了经验丰富的老司机，那就妥当了。老司机选路线，不会受限于地图软件给出的路线提示。他们知道地图软件不见得靠谱。地图上显示没问题的道路，不见得都走得通；地图所提示的堵车程度，也不见得是真实的。此刻的路况不是一小时后的，等我们开车过去，就到了另外的时间段。

一切数据，都要通过司机的经验系统进行矫正。

如果我遇到一个紧张的新手司机，他对语音导航言听计从，不撞南墙不回头，那就不妙了。如果一个司机放弃了自己的观察和判断，只走导航指出的路，就很有可能把我们带进沟里。

>>>

在复杂的世界中，任何原因与结果都存在无数种组合方式。懂行的司机，会根据情况选路。有经验的医生，会根据患者状况综合判断病症。

新手和老手的差距，就体现在这里。新手只会根据一点提示，依据局部的信息或知识，按照一个公式，进行机械化推论。他们会将相同的模式套用在很多现象上，得了一点甜头，就停止思考。而老手无论开车还是开药，都不满足于一种答案。他们会根据经验做出全局判断，看到不同的可能性。

前者被信息或技术掌控，后者掌控着信息，让信息和工具作为洞察趋势的资源。

>>>

这就好比我身边的一些朋友，学了一些理财知识就跟风炒股票。他们小试牛刀，最开始赚了点钱让他们沾沾自喜，觉得自己找到了财富的规律。后来他们被套牢，又骂"消息不对"，财富的规律出现了偏差。

即便消息是真的，买入的机会对了，卖出的时机也很难把握。我们以为自己掌握了技巧，其实不是真的懂。在短时间内，运气帮了我们；时间一长，我们的弱点就会暴露。所以才出现了一种普遍的现象：靠运气赚来的钱，最终靠本事又都赔回去了。

>>>

我们是真懂，还是假懂？掌握了一些知识，我们就懂了吗？

任何人看了几篇分析文章，碰上了好行情，都有致富的机会。冷静地分析一下，我们明明知道这几年炒股赚钱是小概率事件，可是仍然觉得自己是能抓住机会的极少数幸运儿。很多时候，我们只是以为自己懂。

有人学了巴菲特的说法，也声称要做"长期价值投资"。可是什么是"价值"？"长期"又有多长？要想回答这些问题，用的不是知识，而是持续的洞察力。

只要我们愿意，通过手机和电脑，我们就有机会接触到无穷无尽的信息和知识。即便看到相同的信息、同样的信号，我们可能仍然不知道如何判断它们是好是坏。我们跟股神的差距并不是知识量或信息量，而是对趋势的洞察力。

>>>

智慧和知识有什么区别？

知识可重复、可积累、可沿用，例如"地球绕着太阳转""1+1 = 2"，这些事情一直不会变。而智慧不断地变化、延伸，将不同的知识编织成有差异的网络。智慧虽然依托于经验和知识，却要通过灵感来实现。

比如，大多数人都会写字，却不见得能写出什么"重要作品"，更别说《哈姆雷特》这样的著作。《哈姆雷特》为什么重要？因为这部剧复杂的人物性格以及丰富的悲剧艺术手法，代表整个西方文艺复兴时期文学的最高成就。它不是知识的堆积，而是智慧的创造。多少大作家致力于挑战高峰，与之一较高下，却最终自叹不如。

关于《哈姆雷特》，曾有一个著名的思想实验。

在无穷长的时间后，即使是用打字机随机打字的猴子也可以打出一些有意义的单词，比如 cat、dog。以此类推，总有一只足够幸运的猴子或连续或不连续地打出一本书的内容，即使其概率比连续抓到100 次同花顺还要低，但在足够长的时间（长到难以计算）后，其发生是必定的。①

---

① 此结论被称为"无限猴子定理"，1909 年波莱尔在一本谈概率的书中将其提出。

如果猴子一直打字，也许有概率打出一部《哈姆雷特》。且不说猴子耗费了多少时间，最大的问题是，如何从不计其数的文本中鉴别出具有《哈姆雷特》水准的随机作品？

不仅写出一部《哈姆雷特》需要智慧，就连欣赏这部作品并意识到它的伟大之处，也需要智慧（甚至是更高的智慧）。没有任何程序能鉴别出一首诗或一张画比另一个作品更高明、更伟大。人工智能通过学习可以自动鉴别出作品的相似性并轻松模仿，却无法冲出创作规范，创建前所未有的新观念。

>>>

很多人的梦想仍然是掌握更多知识。他们期待未来有一天，"黑科技"让知识自动存进大脑，做梦的时候下载知识，醒过来人就博学了。不过，即便把人类全部的知识都存在脑子里，我们仍然需要用智慧去判断和挑选。我们需要新的灵感来打破旧的连接。我们需要通过犯错误，开拓新的局面，建立新的连接。我们仍然需要努力用洞察力写出突破标准的好作品，并持续为已有的作品赋予新的含义。

因此，知识本身并不是力量。当知识、信息被重新连接起来时，我们质疑并打破原有结论，得出有创新性见解的新结论，才是力量所在。

>>>

我们反对机械化的思想。可是，使思想具有灵活性，本身是很难的。

一个人越活越封闭，这是大概率事件。只要放松思考，我们就随时都可以躺在陈腐的思想之上。思维僵化以及"过早滥用知识"是一个人老化的标志。赫胥黎曾尖锐地指出："很大一部分年轻人似乎在身体得上动脉硬化之前就在精神上得了这种疾病。"[①]

我们认知上的基本矛盾，在于我们只能用过去的经验看待新的东西。

如果一群住在井底的青蛙开会，大致会得出这样的结论：很显然，这个世界只有井口那么大。住在井底的青蛙，有可能相互鼓励，相互确认，建立了公认的"舒适区"。

我们每个人，本来都可以通过互联网开眼界，可以看到很多，可是仍然会讽刺自己知识体系之外的东西，得出局限性的结论。

>>>

真实的世界不断发生变化，我们的认识也是盘旋上升的。没有任何人的洞察是一次性准确的，也不存在一把"能打开所有锁"的钥匙。

齐格蒙·鲍曼提醒我们：我们面临一项前所未有的任务——如何发展出一种艺术，与不确定性永久共存。还有人说过这样一句话："生活本身就充满了不确定性，当你试图对抗不确定性，实际上你是在对抗人生。"

[①] 美国《巴黎评论》编辑部. 巴黎评论·作家访谈 2 [M]. 仲召明，等，译. 北京：人民文学出版社，2018.

>>>

应对不确定性的灵活方法，最终依托于"成长型"的思维方式。成长型思维①不断打破认识的"闭环"，让人们在挑战中逐渐提升自己的才智。我们终究要克服的是对完美主义的追求，不可能毕其功于一役，我们要破除有可能"一揽子"解决问题的幻觉。

>>>

如果遇到无法理解或难以解决的问题，很难用现有的洞察力穿透它们，我们就先把问题放一放。

当我们往前走了一段路，再回头看时，有些之前不懂的趋势，自然都懂了。

这并非我们的本事提高了，而是我们走到了别处，也许那是一个更高、更有利的观察与思考的位置。

当我们持续向前时，我们的视野会更开阔，我们将有机会见识不一样的山水面貌。只有持续向前，我们才会对之前和之后的道路产生更深刻的理解。如此，我们不仅通过趋势，也用自己的行动推动了自我的成长，可见洞察与我们的行动有关。我们用行动参与了世界的变化，我们的洞察力也因为参与世界而得以强化。

---

① 两种不同的思维模式：固定型思维（fixed mindset）和成长型思维（growth mindset）。前者认为天赋与生俱来，人的才智很难提升；后者则认为天赋只是起点，人的才智能够通过持续学习获得提高。